断舍离 青少版

蔡仲淮　杜婉铜 著

电子工业出版社·
Publishing House of Electronics Industry
北京·BEIJING

内 容 简 介

　　断舍离思维旨在教会孩子掌握正确有效的取舍方法,在日常生活中养成整理的好习惯,懂得规划,使其对事情有一定的选择能力和决定能力,树立自尊心和自信心,学会自主思考和决断。本书内容有理论、有故事、有方法,不仅能帮助孩子整理有形物品,还能帮助他们进行断舍离,改掉学习效率低、生活邋遢、交友不慎、手机成瘾、拖拉磨蹭等不良习惯,净化精神世界,继而养成良好的生活和学习习惯,以更健康自信的姿态面对自己、他人、家庭和社会,善于自我反省,勇于走出舒适区,形成独立人格,实现终身成长。

图书在版编目(CIP)数据

　　断舍离 : 青少版 / 蔡仲淮, 杜婉铜著 . -- 北京 :
电子工业出版社 , 2025. 1. -- ISBN 978-7-121-48845-0

　　Ⅰ . B821-49

　　中国国家版本馆 CIP 数据核字第 2024HN5707 号

责任编辑:王小聪
印　　刷:唐山富达印务有限公司
装　　订:唐山富达印务有限公司
出版发行:电子工业出版社
　　　　　北京市海淀区万寿路 173 信箱　　邮编:100036
开　　本:720×1000　1/16　印张:10　　字数:122 千字
版　　次:2025 年 1 月第 1 版
印　　次:2025 年 1 月第 1 次印刷
定　　价:48.00 元

　　凡所购买电子工业出版社图书有缺损问题,请向购买书店调换。若书店售缺,请与本社发行部联系,联系及邮购电话:(010)88254888,88258888。

　　质量投诉请发邮件至 zlts@phei.com.cn,盗版侵权举报请发邮件至 dbqq@phei.com.cn。

　　本书咨询联系方式:(010)68161512,meidipub@phei.com.cn。

序 言

孩子大都有一种"魔力"，能在很短的时间内将房间弄得一团糟——各种物品被胡乱丢弃，让家长在"自从有娃后，家里再也没有整洁过"的抱怨中，不得不随时去收拾烂摊子。

随着年龄的增长，孩子的物品越来越多，从婴儿床、小推车、扭扭车、滑板车再到自行车，从各种玩具到文具，再加上越积越多的生活用品，屋子里的空间不断缩小，孩子随意丢东西的习惯让房间变得更加凌乱不堪。

杂乱无章的物品、被搞得一团乱的房间，会给我们带来负面能量，不利于我们的身心健康。

这种情况是由于我们缺少"断舍离"的意识，不具备日常整理的好习惯。"断舍离"是源自日本的现代家居整理方法——

断：断绝不需要的东西。

舍：舍弃价值不高、意义不大或不再喜欢的东西。

离：脱离对物品的执念，远离物质诱惑。

整理日常物品，是断舍离的第一步。断舍离，能让我们在不断思考"断绝什么、保留什么、舍弃什么、吸收什么"的过程中，做出判断和选择，对物品进行合理的整理收纳，为自己打造一个整洁、舒适的生活环境和学习环境。

断舍离，能培养我们的规划整理能力，提升对家庭和社会的主人翁意识，增强自我认同感。

断舍离，能让我们摆脱低效的学习方式，养成良好的学习习惯，掌握科学的学习方法，提高学习能力和学习效能。

断舍离，能让我们拥有更健康的朋友圈，远离"劣质"朋友。前提是我们自身要足够优秀，正如作家马德所说："你若澄澈，世界就干净；你若简单，世界就难以复杂。"

断舍离，能让我们学会科学地管理时间，告别做事拖延、磨蹭，提高时间利用的效率和效能，让我们学习起来更轻松。

断舍离，能让我们在确保有效休息、睡眠、运动的情况下，仍然能够进行高效学习，做到真正意义上的劳逸结合，不再那么累。

断舍离，能让我们全面提升自控力，摆脱游戏成瘾和手机依赖，让手机成为学习的工具，而不再是玩具。

断舍离，能让我们在心理上及时"断乳"，形成独立人格，学会独立思考，成为真正的"小大人"。

断舍离，能让我们走出自己的舒适区，提高抗挫能力，建立自己的反脆弱系统，以更强大的心理独自面对这个世界。

断舍离，还能让我们学会正视分离、失去与生死离别，让我们成为有情有义但又不被分离所羁绊的人，同时感悟到生命的真正价值与意义。

日本作家松浦弥太郎说："人生本应轻装上阵。丢弃不必要的情绪和欲望，留下真正需要的宝物，才能换得饱满而轻盈的人生。"

真正聪明的人，懂得通过对物品的断舍离，学会整理自己，摆脱各种身体和心理上的枷锁，轻装上阵，将时间和精力花费在真正有价值的事情上，以更健康自信的姿态面对自己、他人、家庭和社会，实现成长，并遇见更好的自己。

目 录

引 子

你知道什么是"断舍离"吗？

什么是断舍离？　2

断舍离不只是扔东西　3

断舍离能带给你什么？　4

青少年也需要断舍离　5

第一章

整理物品：学会断舍离，终生都受益

物品断舍离：学会整理自己的房间　10

营造轻松氛围，同家长一起整理　13

不要为了合群，去买一些并不需要的东西　17

第二章

简化学习法：懂得断舍离，学习更轻松

你真的会学习吗？　24

费曼学习法为什么更有效？　27

五步学习法：预习、理解、巩固、应用、反思　31

兴趣班断舍离：同家长约定退出机制　35

第三章

整理朋友圈：远离"劣质"的朋友

懂取舍：远离"劣质"的朋友 40

跟讨好型人格说"拜拜" 44

直面欺凌：对欺凌行为勇敢说"不" 48

第四章

时间规划：时间管理上的断舍离

记录一下，看你的时间去哪了 54

四件事：你先处理哪一个？ 58

80/20 法则：把时间花在有价值的事情上 61

拖拉磨蹭的毛病怎么断？ 65

第五章

劳逸结合：不会休息的人，就不会学习

不会休息的人，就不会学习 72

莫法特休息法：学习休息两不误 75

睡眠：彻底的"停工期" 79

适量运动让身心更健康 81

第六章

手机断舍离：把手机当成工具，而不是当成玩具

手机成瘾：别让手机偷走你的梦想 88

学会这几招，对手机进行断舍离 91

玩游戏真的会上瘾吗？ 95

网络时代，重塑自己的自控力 99

第七章

独立思维：在心理上及时"断乳"

在心理上"断乳"，培养独立人格　106

独立思考，做自己的"指挥官"　109

不能用听话与否来评价孩子　113

父母学会断舍离，孩子才能养成独立人格　117

第八章

走出舒适区：你才能遇见更好的自己

所有的成长，都是从走出舒适区开始的　124

试着改变行为习惯和思维习惯　127

培养逆商：打造反脆弱系统　131

一边断舍离，一边接纳新事物　134

第九章

正视离别：成长过程中无法回避的一堂必修课

你存在分离焦虑吗？　140

直面失去与离别：做有情有义、内心强大的人　143

通过生死离别，让自己学会断舍离　147

引　子

你知道什么是"断舍离"吗？

什么是断舍离？

断舍离出自日本作家山下英子的著作《断舍离》。

山下英子自大学期间开始学习瑜伽，断舍离是她从瑜伽的修行哲学"断行、舍行、离行"中提炼出来的一种思维方式、生活方式和人生态度，用于日常生活的"整理"上，是每个人都能做到的"自我探查法"。断舍离不仅可用于日常整理，也是摆脱惰性、刺激思维的一种方法。

在实践中，断舍离就是通过审视自己的物品和生活、学习、为人处世方式，来决定其中哪些是真正对自己有意义的、有价值的，哪些是多余的、不必要的，进而去除不必要的物品和生活方式，让自己的生活、学习更加简单、整洁和自由。

断舍离的实践过程包括三个步骤。

第一，断：断绝不需要的东西，不买、不收取不需要的物品和信息，减少购物欲望和无用物品的囤积。

第二，舍：盘点你已经拥有的东西，判断它们对自己是不是真的有意义和价值，对于价值不高、意义不大或不再喜欢的东西，要予以舍弃。处理方式包括赠送、出售或回收，让这些东西找到新的归宿。

第三，离：脱离对物品的执念，即摆脱对物品的情感依附，远离物质的诱惑，放弃对物品的执着，让自己处于宽敞舒适、自由自在的空间，学会释放负担，追求内心的宁静和自由。

断舍离是一种生活态度，主张把那些不必需、不合适、过时的东西统统断绝、舍弃，切断对它们的眷恋，断舍离之后才能过简单清爽的生活。

只有真正做到了断舍离，我们才能怡然自得地活在当下。

断舍离不只是扔东西

断舍离，不只是扔东西，而且是敢和过去说再见。

断舍离的目的，是通过减少物质的负担和整理自己的生活空间，来创造一个更加清爽、有秩序和令人愉悦的环境。它提倡我们应该专注于重要的事情，关注内心的平静和个人的成长。

断舍离，不仅仅强调外在的表现，如整理物品、扔掉物品，更强调自己内心不再受到外在事物的干扰，由内而外脱离欲望的影响，专注于当下的学习和成长目标。

需要明白的是，断舍离最终指向的是人，是自己的内在世界，而不是外在物品。

如果用一句话来总结断舍离的本质，就是：扔掉看得见的外在物品，改变看不见的内在世界。

真正意义上的断舍离，包括五个层面的含义。

第一层：物质层面的断舍离

如果一个人的房间、住所是杂乱不堪的，他的生活大概率也是混乱的。物质层面的断舍离，从整理物品、整理房间开始，清除不必要的物品，让房间干净整洁，不再乱糟糟，做一个生活精简、有条有理的人。

第二层：事情层面的断舍离

不论我们在家里，还是在学校，摆在我们面前的事情只有四类：重要且紧急的事、重要但不紧急的事、紧急但不重要的事、不重要也不紧急的事。事情层面的断舍离，要求我们学会规划与处理事务。做事分清主次，做事效率才能提高。

第三层：关系层面的断舍离

关系也就是人际关系，我们在不断成长，也在不断结识新的同学、朋友，对于良师益友，我们固然要珍惜，但同时也要果断远离那些"劣质"朋友，懂得取舍，把时间和精力留给真正值得的人。

第四层：时空层面的断舍离

《断舍离》的作者山下英子说："表面看，断舍离是一种家居整理、收纳术，从深层来看，这是一种活在当下的人生整理观。"

所有的过去皆是执念，所有的将来尽是妄想，活在当下，才是我们最应该去做的事。人生就是一场体验，我们要做好时空层面的断舍离，要去感受当下的力量和美好，把握住当下的时间，专注做好当下的事情。

第五层：思维层面的断舍离

人的一生只有三件事：见天地，见众生，见自己。

见天地，知天道，来建立世界观；见众生，知人道，来建立价值观；见自己，知己道，来建立人生观。

思维层面的断舍离，助你不断精进、成熟、觉醒、独立！

断舍离能带给你什么？

明白五个层面的断舍离以后，你的人生会豁然开朗，你会"允许一切发生，拥有重建一切的能力"。当物质的欲望不再成为生活的全部，精神的价值与追求便会凸显出来，成为生命的灯塔。

你会发现，你能够更好地管理自己，形成独立人格，不再情绪化，思想更成熟，不再叛逆，在家庭生活中也会更具同理心，与其他家庭成员共同进步和成长。

具体来说，断舍离能带给你以下四个方面的好处。

第一，不断实现自我完善

断舍离的精髓在于，不让多余的、不必要的物品占用自己过多的时间，消耗自己的精力，夺取自己的能量，通过筛选物品的行为，实现自我完善。学会与物品相处，很多事情都会随之发生积极改变。

第二，丰富自己的精神世界

在家里"不需要、不合适、不舒服"的东西被舍弃，"需要、合适、舒服"的东西被留下后，你的内在感应力就会得到磨砺与恢复，相应地，你的精神世界也会变得丰富起来。

第三，注意力会更加集中

当你通过断舍离让环境变得整洁时，一切都变得井井有条，寻找物品的时间也会减少。

节省的时间可以用来思索或是做其他对你而言更有意义的事情，你的注意力也会更加集中。

第四，实现对自我的肯定

断舍离的目的不仅仅在于整理房间，更在于在整理的过程中不断加深对自己的了解，认识自己，进而喜欢自己、相信自己，实现对自我的肯定。

青少年也需要断舍离

断舍离也是青少年的必修课。在断舍离的过程中，孩子能在日常生活细微之处，不断地思考"吸收什么，断绝什么；保留什么，舍弃什么"，然后做出选择和决断。如此反复，孩子的内心和头脑就会得到锻炼，决断力也会得到提升。

人生面临的是一个接一个的选择题，清楚自己要什么、不要什么的孩子，不会活得那么辛苦、那么纠结，因为他们的目标清晰、步伐坚定。

断舍离不仅让我们整理物品，还让我们借助整理物品，来直面家庭关系、学校与学习、人际关系、青春期与叛逆、校园欺凌、失去与离别，学会剔除生活、学习中"不需要、不合适、不舒服"的部分，提高自我反省意识，建立独立思维，形成独立人格，实现健康成长。

第一章

整理物品：
学会断舍离，终生都受益

物品断舍离：学会整理自己的房间

在物资充盈的时代，我们有机会获得更多的物品，如玩具、衣服、学习用品、书籍、运动器材等。

大量的物品塞满了我们的生存空间，使原本不大的房间变得更加拥挤、凌乱。很多人都有过类似的经历：每次放学回到家，都会被父母嫌弃，被指责邋里邋遢、东西胡乱摆放，之后在父母的逼迫下，才开始不情愿地整理。

太多的物品，会成为负累，成为对我们的束缚，增加选择的难度。就像山下英子所说："不用的东西充满了咒语般束缚的能量。"

【情景故事】

心理学家巴里·施瓦茨曾经做过一个实验：

实验中，他将参与实验的孩子随机分成两组，孩子们的任务是根据要求绘画。

第一组孩子可以从 3 支画笔中选 1 支作为绘画工具，第二组则可以从 24 支画笔中挑选 1 支。结果，第二组孩子提交的作品质量明显不如第一组。

接下来，研究者让第一组孩子从 3 支画笔中选出 1 支自己最喜欢的，让第二组孩子从 24 支画笔中选出 1 支自己最喜欢的。然后，研究者试图说服孩子们，让他们放弃选中的画笔，这样就可以得到另一件礼物。

结果显示，第二组孩子更轻易地放弃了他们所选择的画笔。

选择太多，只会分散孩子的注意力，让他们在过多的选项面前不知所措，即使做出了选择，他们得到后也不会太过珍惜。

每一件物品都是有"灵魂"的，如果我们得到一件物品后，却置之不顾，那么，物品本身也会滋生"怨气"，失去其应有的活力。正如日本美学家柳宗悦所言："器物因被使用而美，美则惹人喜爱，人因喜爱而更频繁使用，彼此温暖相爱，共度每一天。"

如果你的房间被大量的物品弄得乱七八糟，这其实是在赋予自我否定和自卑能量，实在要不得。

【行动指南】

断舍离，要从整理物品开始，这是断舍离的最近入口。

对物品进行断舍离，要学会归类思维，把物品按照衣物、书本、玩具等进行归类。归类是一种逻辑思维，不管在生活中还是在学习中，乃至在以后的工作中，都会用到。

整理物品可以参考以下方法和原则。

1. 三分法

在物品整理和收纳上，最常用的是三分法。

在整理物品之前，先要学会用俯瞰的方法审视所有物品，对自己的物品做一下总的盘点，将其分为三类。

比如，自己卧室中的物品可以分为学习用具、玩具、其他物品三类，每一大类还可以再细分为三小类——学习用具可以分为教材教辅、文具、课外读物三类。如此不断地重复三分法，通过归类来避免物品的凌乱，将无用的物品剔除出去。

2. "七五一"总量限制原则

断舍离，要掌握好收纳空间的总量限制原则。

第一，看不见的空间，只放七成。比如衣柜、床头柜、抽屉等，要留下三成空间，一方面方便拿取物品，另一方面能有效控制不断膨胀的物质欲望。

第二，看得见的空间，只放五成。比如书桌，如果放太多东西，会显得杂乱，影响美观。

第三，装饰性的空间，只放一成。比如客厅的装饰性物品，以少为美。

如果收纳空间的占用率超出了上述标准，就可以对相应物品进行断舍离。

3. 半年没使用的物品可以舍去

超过半年没有使用的物品，其利用率已经很低了，如果使用价值不高、纪念意义不大的话，应果断舍弃。

4. 令人压抑的物品应当舍去

如果某个物品经常给你带来烦躁、压力和不愉快的压抑情感，可以考虑舍去。比如，不好用的笔、吱吱响的椅子、不舒服的鞋子，或者是某件容易让自己产生负面联想的物品，都应当舍去。

按照上述方法、原则整理物品，循环往复，剩下的物品一般都是自己真正需要的精品，个人断舍离的层次也会随之提高，从而培养出只专注于精品和好物的自己。

【作者有话说】

整理物品时，要考虑它是不是必需品——也就是"没它不行"，而不是"不知道以后还能不能用得到"，才能筛选出与自己契合的物品，舍弃那些与自己格格不入的物品，从而加深对自己的了解。

随着物品越来越少，你的内耗也会越来越少，可以将更多的注意力放在自己真正感兴趣的事物上，从混乱无序中解放出来，增强对物品和生活的掌控力。

营造轻松氛围，同家长一起整理

在你的认知中，家是什么呢？

是确保自己和家人健康、安全与舒适的场所，还是用来囤积物品的"仓库"？

如果是后者，那就请你运用你所掌握的收纳方法，对住所进行一次断舍离，让"仓库"回归"住所"属性，保证居住的安全与健康。

事实上，居住环境同人的健康是息息相关的。

有"提灯天使"之称的英国护士南丁格尔，不仅因为其开创了护理事业而广为人知，她还研究过居住环境同疾病发生之间的关联机制。

南丁格尔认为，恶劣的居住环境是滋生各种疾病的温床，而"怠慢与无知"是造成居住环境恶劣的重要因素。所谓怠慢，是指人们懒得去检查住所的角落是否干净卫生，懒得每天进行住所清扫和开窗换气工作。

南丁格尔的观念同断舍离如出一辙，都强调对住所进行整理、清扫，利用收纳术，以及扫、擦、刷、丢弃的打扫方式，将"住所"改变成我们更乐于居住的"自在空间"。

【情景故事】

17岁那年，Asan开始创业，开网店卖服装。同许多女孩子一样，Asan喜欢购物，是当之无愧的"剁手党"，看见漂亮的衣服、鞋子，便毫不犹豫地买下。

在Asan眼里，自己所拥有的每件物品都有其独特意义，她从不扔东西，积攒了100多双鞋子、200多顶帽子，以及大量的衣物。

后来，尽管Asan搬进了一套200多平方米的公寓，大量的物品依然让家中拥挤不堪，朋友来做客时，都难以找到落脚的地方。

朋友推荐她看一部名为《我的家里空无一物》的日剧，Asan深受触动，决定立即行动，开始断舍离，将原来舍不得丢弃的物品整理了十大包，全部扔掉。

最后，在200多平方米的住所中，Asan只留下了9件家具，她认为，不断进行断舍离，不断为家居环境做减法，才是最好的生活方式。

由于工作、休息、娱乐都在家里进行，Asan便通过做家务的方式来缓解工作压力。在家被打扫干净，物品减少到极致后，她感到神清气爽，非常幸福。

作为家庭的一分子，我们断舍离的对象不仅仅包括自己的物品，还应覆盖整个家庭，可以同家长一道积极参与住所的整理和收纳，与家人共同创造一个健康舒适的居住空间。

【行动指南】

家庭空间的断舍离，离不开家长的支持与配合，我们要充分发挥主人翁意识，说服家长同自己一起进行断舍离。

具体行动方式如下。

1. 向家长传达断舍离的理念

如果家长不了解断舍离，应尝试让他们了解并接受断舍离的理念，并愿意将其用到家庭整理和收纳的实践中。比如：如何筛选不需要的东西？买东西应该怎么挑选？如何整理收纳？如何废物利用？

2. 和家长共同做决定

在培养家庭的断舍离能力时，我们可以和家长共同做决定，共同商量如何行动。

比如，可以这样和妈妈讨论："妈妈，您的这件外套，现在穿身上已经不合适了，放在家里不仅占用空间，还有些浪费，我们把它捐给灾区，好不好？"

通过这样的沟通方式，我们不仅能让家长更加了解自己的想法，能参与到家庭生活和决策中，使家庭氛围更和谐，还能让家长更好地掌握断舍离的能力。

3. 和家长一起做家务

我们可以积极承担一些力所能及的家务，同家长一起行动，如根据家长的指示或自己的观察，将一些东西搬到指定位置；主动帮家长提东西；饭后擦桌子、收拾碗筷、洗碗；同家长一起倒垃圾……只要是在自己能力范围内的家务，都可以尝试着去做。

4. 在物品的去留上求同存异

对于物品的价值，孩子和家长的衡量标准是不同的。家长会根据价格和实用性来衡量一件物品的价值，而孩子更容易从情感的角度来衡量。也就是说，在家长眼中无用的物品，在孩子眼中可能具有无可替代的价值，如同学送的小礼品、老师奖励的小贴纸等。

要尝试说服家长，不要轻易处置自己的物品，要在征得自己的同意后才能进行处理，相信每一个开明的家长都会同意的。

5.遵守物归原处的原则

在我们同家长一起努力整理后，住所又恢复了整洁。可如果平时我们不注意，乱扔乱丢东西，那很快住所又会变得一团糟。如何才能保持居住环境的干净与整洁呢？非常简单，要和家长共同掌握并遵守一条重要原则：物归原处。无论用完什么东西，都要将其放回原处。

【 作者有话说 】

部分家长未必具备断舍离的意识，我们要帮助家长树立断舍离的意识，并同家长一起付诸行动。这不仅能从根本上解决空间局促的问题，让自己在日常生活中养成整理的好习惯，成为能干的"家务小助手"，而且通过家庭集体断舍离活动，还够有效改善家庭氛围，增进家人间的理解和感情，让亲子关系更融洽。

不要为了合群，去买一些并不需要的东西

你知道现在中小学生间最流行的是什么吗？

如果你还只知道盘手串，那你就真的"OUT"啦！

前段时间，某平台出现了一个名为"中小学生社交通货"的热门话题，榜单列出了在中小学生群体中，最风靡的"社交通货"类玩具，包括：奥特曼卡片、盲盒、捏捏乐、咕卡、手串、萝卜刀、手办……

以上玩具，在中小学生群体中，都曾风靡一时。学生们要么出于好奇，要么出于喜欢，要么出于合群，几乎都购买过上面的"社交通货"。

不过，既然是风靡一时的"社交通货"，就注定了其昙花一现的命运，一旦热潮过去，这些玩具就只能在房间某个角落吃灰。

话说回来，孩子也有自己的乐趣，适度参与其中，也无可厚非，否则就少了跟同龄人的共同话题和沟通媒介，显得不合群，但不要沉溺其中，过度购买只会为自己的断舍离之路增加障碍。

【情景故事】

王女士曾向媒体反映，她8岁的儿子在10天内花了3800元买奥特曼卡片。前不久，她发现支付宝里的5000元只剩下1200元，查看消费记录才得知，3800元被自己的儿子通过电话手表的电子支付买奥特曼卡片了。儿子分多次买的这几百张奥特曼卡片，有20元一包的、25元一包的。

像王女士的儿子这样痴迷收集卡片的小学生不在少数，杨女士10岁的儿子拥有好几本奥特曼卡片集。杨女士说，高级别的卡片被儿子小心地保存在塑料的卡片集里，一包卡片中只有一张高级别的卡，这些是花2000多元钱买的卡里挑出来的，其他普通卡就放在大盒子里。同小区还有好几个"志同道合"的小朋友经常在一起比卡片，交换卡片。

小学五年级的刘同学称，男同学们基本上都在玩奥特曼卡片，自己就买了5000多元钱的卡。每次出新卡他都想买，买到一张好卡他就非常兴奋，如果自己手里有几张稀有的卡片，就会立即成为同龄人中的焦点。

以上情景只是中小学生购买流行玩具的一个个小片段，而在当下，奥特曼卡片已经成了过去式，不再受孩子们青睐，为数不少的小学生家里都有大量的奥特曼卡片被遗忘在某个角落。

孩子们的此类消费行为只是当下社会普遍消费观的一个缩影。人们一味去消费，却不考虑买来的东西是否真的需要，让家里多了很多"鸡肋"物品。

【行动指南】

除了要针对当下所拥有的物品进行断舍离，我们还要树立正确的消费观，不要为了合群，也不要为了一时的欲望，而购买一些本不需要的物品，要摆脱对物质的欲望，转而寻求高品质的物品，以提高个人品位和生活品质。

如何从消费源头做到真正意义上的断舍离？下面给出一些建议。

1. 非必需品选择性购买

非必需品，要三思而后行，选择性购买。生活、学习必需品，尽可能买质量好的产品。

须知，少即是多，要控制消费源头，尽量只购买那些必需的物品，充分发挥它们的功能，使物尽其用；要珍视它们，使其能最大限度地延长使用寿命。

2. 流行的商品不买

面对风靡一时的商品、华而不实的商品，要守住本心，不为所动，不要购买。

3. 购买前的"理性四问"

当我们面对某件物品，纠结于买与不买时，可以通过以下"理性四问"，让自己避免冲动，回归理性消费：

第一，这件物品我是真的喜欢吗？

第二，我的收纳空间能否容纳下这件物品？

第三，这件物品是我觉得需要，还是别人喜欢（从众式购买）？

第四，这件物品是否合适，且令我真的心情愉悦？

4. 按计划购买

对于需要购买的物品，应提前列一份清单，在自己的消费能力范围内，按清单购买，避免冲动消费、临时消费和其他不必要的消费。

【 作者有话说 】

不需要的东西，再便宜也要忍住购买的冲动；需要的东西，哪怕价格高一些也要买。购买价格高的高质量物品，只有在付款那一刻是心疼的，在日后使用中都会很满意；而购买价格低的低质量物品，只有在付款那一刻是轻松的，在使用中则尽是折磨与后悔。

第二章

简化学习法：
懂得断舍离，学习更轻松

你真的会学习吗？

我们一生要经历漫长的学生时期，学习是贯穿这一时期的主旋律，作为学生的你，是否曾经扪心自问一下：我真的会学习吗？

"越努力越幸运""努力学习，才能获得更好的成绩""天才来自不懈的努力"，很多人信奉此类名言警句。努力当然是没错的，但前提是方法要对路、方向要正确，否则，就是无效努力。

很多学生其实都在无效努力与无效学习。他们每天同别的同学一样按部就班，早出晚归，听课并认真做笔记，按时按量完成作业，但不出成绩，这就是无效学习，其根本原因在于不会学习。

【情景故事】

小张是某中学七年级的学生，经过一段时间的磨合后，他终于适应了快节奏的中学生活。他每天按时早起上学，从不迟到，放学回家后，也不贪玩，能够按时完成老师布置的作业，每天都要学习到很晚才入睡。

周末和节假日，小张还要去家长省吃俭用花高价为他报的课外班学习。

在家长眼里，小张的学习态度是端正的，日常表现也是勤奋努力的。但是第一学期的期中考试成绩公布之后，小张和家长都傻眼了，结果很不如意，他的排名处于班级中下游。

家长很是困惑，便向班主任求教。经过一番深入交流，班主任认为小张可能还没掌握新阶段有效的学习方法，一直在无效学习，表面上很刻苦、很努力，却没有成效，不出成绩。

从一定程度上讲，无效学习比不学习更可怕，因为孩子做的是无用功，白白耽误了时间，付出了却没有回报，会严重打击他们的学习积极性。

很多人之所以觉得学习非常痛苦，大多是因为没能找到适合自己的学习方法，在无效学习。如果学了没有效果，动力就会慢慢被磨灭，甚至由喜欢转为厌恶。

【行动指南】

如何才能杜绝无效努力、无效学习？首先要识别无效学习的表现，对它们进行一场彻底的断舍离，即学习方法层面的断舍离。

无效学习有如下表现。

1. 流于形式

有的学生每天起早贪黑，按时上学，按部就班听课，按时回家，按时完成作业，但是学习没有规划、没有思考，漫不经心，漫无目的，随波逐流，在学习过程中缺乏自主意识，全部按照流程走，使学习流于形式，所以很难出成绩。

高效率的学习需要全身心投入，需要"眼到、耳到、口到、心到、手到"，才能保证学习效果。

2. 装模作样

对学习并不感兴趣的学生，碍于家长和老师的威严，平时不得不精心伪装出一副认真学习的模样，以骗过家长和老师，其真正的学习状态和学习效果只有他们自己清楚。他们三心二意、左顾右盼，根本无法集中注意力去进行深度思考和深度学习。其人坐在课桌前，但心思早已飞到了九霄云外。

3. 缺乏思考

有的学生遇到不会的题目，会直接查看答案，或者用手机搜题，不愿意独立解决问题，也不愿意请教家长和老师。参考答案解析往往不够具体、精确，涉及的知识点和方法学生不一定能看懂，即使看了答案，印象不深刻，以后遇到类似的题目还是不会。

更有甚者，遇见不会的题目，找到答案直接"无脑"照抄，对其中的解题思路根本不加思考，呈现的结果自然是"保质保量"完成了作业，待到考试时才会见真章。

4. 被动学习

被动学习是指在学习过程中缺乏主动性和积极性，被动地接受老师的教学内容。被动学习会严重影响学习效果。首先，被动学习对学习内容缺乏思考和理解，学生无法真正掌握知识。其次，被动学习会让学生失去学习的兴趣和动力，导致学习效率低下。

被动学习的人一般自我驱动力较差，从不主动去学习，总是在家长、老师的催促、逼迫下学习，其效果也可想而知。

5. 死记硬背

死记硬背用来应付低年级较简单的知识还勉强行得通，但随着年龄的增长和学习的进阶，需要理解的成分会越来越多，尤其是数理化等学科，如果只是死记硬背，而不深入思考其背后的原理和逻辑，学习起来会越来越吃力。死记硬背的知识吸收和转化起来很难，如果学生付出了大量时间和精力而无所收获，时间久了就会产生厌学情绪。

【作者有话说】

　　努力无错，但大家往往忽略了一个和努力同样重要的东西，那就是方法。努力能够一步步地提升自己，而方法带来的是效率，不讲求方法的努力是低效的，甚至是无效的。

　　学习要事半功倍，一定要找到适合自己的学习方法，养成良好的学习习惯，同时对那些事倍功半的学习方法和学习习惯进行彻底的断舍离。找对路子，才能提高学习效率。

费曼学习法为什么更有效？

　　断舍离，是一种简化的艺术。

　　物理学家费曼深谙简化的艺术，他有一项特殊技能，能用最简单的语言把复杂的观点表述出来。费曼不仅是一位物理学家，还是一位出色的教育家，被称为"老师的老师"。

费曼也擅长将简化能力用在学习上，这种学习方法被后人称作费曼学习法，被誉为最有效的学习方法之一。

【情景故事】

费曼的父亲是一名推销员，每天下班回到家，他喜欢同费曼进行互动，一起阅读百科全书。他会将书中的抽象知识具体化，方便儿子理解。

有一次，费曼的父亲向儿子讲解书中的霸王龙，文中是这样描述的："霸王龙高达 20 英尺，头部宽约 3 英尺（1 英尺 = 0.3048 米）。"

对孩子而言，这都是抽象的数字。

费曼的父亲将其进行了具体化呈现，向儿子解释称："如果把霸王龙放在我们家院子里，它的头能够到我们家的窗户，但是它的头没办法挤进来，因为它的头比我们家窗户的尺寸稍微大一些，如果挤进来就会把窗户弄坏。"

这种具体化的呈现，让儿时的费曼更容易理解和接受。据说，费曼学习法最初的灵感就是来自其父亲的启迪。

费曼学习法，强调通过转述、教给别人的方式来巩固自己所学的知识，其核心是"以教促学"，即把你学到的东西当作要教给别人的，你就会更加努力地去理解和记忆。

美国国家训练实验室经过大量的实验证实，被动学习后学习内容的平均留存率远低于主动学习，而教授给他人的方式，在学习金字塔里（见下图），是学习内容平均留存率最高的主动学习方式。这为费曼学习法提供了理论依据。

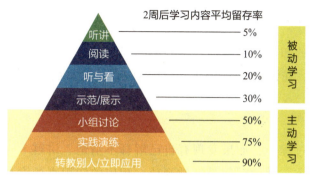

学习金字塔

借助这种学习方法和理念，费曼创造了一系列学习和科研的奇迹。

13 岁，费曼就学完了微积分；高中毕业后，他考入了著名的麻省理工学院；24 岁，费曼同爱因斯坦一起加入了美国研制原子弹的"曼哈顿计划"；33 岁，费曼在加州理工学院任教，因其幽默生动、不拘一格的讲课风格深受学生欢迎；47 岁，费曼获得诺贝尔奖，被认为是爱因斯坦之后最睿智的理论物理学家，他也是首位提出纳米概念的科学家。

【行动指南】

费曼学习法的核心操作技巧为：向不熟悉某一知识的人讲解该知识，用他们能理解的方式及最简单的语言向他们解释。如果发现有自己不能理解的地方或不能简单解释该知识的地方，就记录下来并回头查看资料来源，直到能够用简单的语言来解释。

费曼学习法非常简单，包含以下四个步骤。

1. 选择学习目标

确定你需要学习的内容，试着用各种方式将之理解、学会、掌握。

2.讲授给别人

将你学会的知识讲授给别人，如你的同学、朋友、家人等，看他们能否听懂你的解释，在讲授的过程中，注意他们有什么问题、意见、建议等。

3.查缺补漏

在讲授的过程中，如果发现有自己解释不清楚、讲解卡壳、遗漏、对方无法理解的地方，就说明你没有学到位，相应的知识点还没有彻底掌握，需要回过头去查缺补漏，直到彻底学会，且能教会别人为止。

4.简化

经过查缺补漏，你对该知识有了更全面、系统的理解与掌握，在此基础上，再尝试以更加简化的方式和语言去描述它们，将知识内化为自己的知识系统。

【作者有话说】

如果你不能简单地说清楚一件事，那说明你还没完全明白它。对于费曼学习法，你可以这样理解：如果你想弄明白一个概念，就试着去把它解释清楚，能解释清楚，说明你已经真正学会它了，这就是费曼学习法的核心理念。

五步学习法：预习、理解、巩固、应用、反思

不破不立，破而后立。对无效的学习方法和学习习惯进行断舍离之后，要让行之有效的学习方法填充进来，让自己掌握最有效的学习方法论。

"有些简单的事情，其实蛮复杂；有些复杂的事情，其实又蛮简单。"电视剧《士兵突击》里面王团长的这句话其实说出了很多事情的本质。大道至简，真正高效的学习方法也是简单的。

五步学习法就是一种简单高效的学习方法，旨在帮助学习者有效地掌握新知识和技能。该方法包含以下五个步骤。

第一，预习：在正式学习之前，先对要学习的内容进行初步的了解和探索，阅读教材和相关资料，对新知识形成初步的印象和认知。

第二，理解：在正式学习过程中，集中精力理解教材的内容，通过阅读、听讲、做笔记等方式，厘清知识脉络，把握重点、难点。

第三，巩固：在理解的基础上，通过练习、复习等方式巩固所学知识，如做练习题、解决疑难问题、制作思维导图等，加深对知识的理解和记忆。

第四，应用：将所学知识应用于实际情况中，去解决实际问题、完成实践任务等，通过应用检验学习成果，加深对知识的理解和运用。

第五，反思：完成学习任务后，对整个学习过程进行反思，总结学习经

验和教训，找出改进的方向，为后续学习打好基础。

五步学习法强调学习的主动性和循环性，可以帮助学习者提高学习效率，取得更好的学习效果。

很多学生在学习中，通常只注重课堂听讲和课后完成作业，而忽略了预习、巩固、反思等步骤。

【情景故事】

一位同学的学习诀窍是非常注重预习，她在学校学习经验交流会上发言时提到："预习可以深化对教材的认识和理解。预习最好分两步走，即预习两遍，看自己在不同的时间里，对同一问题是不是有不同的看法，再去听老师的讲解，就会深化认识。预习时间间隔以一天为最好，在时间充裕的情况下可以提前查阅资料，这样既能对将要讲的知识做到心中有数，也能增加学习的信心；如果时间较少，也可以做大概的预习，但绝对不能一无所知。如果预习不够细致，对日后课堂学习的帮助可能不大，那样效果就不会好。"

对课前预习，这位同学提出了预习两遍的方法。大家也可以采用以下五步预习法。

第一步：初读。利用工具书，扫清障碍，通读教材章节，重点厘清章节结构、知识体系。

第二步：细读。勾画圈点，找出重点、难点和疑点。

第三步：再读。写读书笔记，适当做批注。

第四步：练习实践。尝试独立完成作业，重点关注知识性练习题，将较深、较难的题目暂时放下，做上记号，以后解决。

第五步：解决问题。可以运用教学配套辅助资料帮助解决预习中的问题，也可以求助同学、老师等。

良好的预习习惯，让这位同学在学习中更加游刃有余，为后来的出色成绩打下了坚实的基础。

【 行动指南 】

五步学习法具体可以优化为以下五个步骤。

1. 预习

上课前预习课程，有助于提前了解学习内容中的重点和难点，带着问题上课听讲效果更好。

实际上预习也并没有那么困难，一旦养成习惯，我们完全可以在短短十几分钟内提前预习好一节课。画出有疑问的地方，思考一下知识点间深层的联系，就可以做到有针对性地听课。

2. 听讲

很多同学都陷入过这样的误区：课堂上随便听听就行，真正能成就"优等生"的是课外班和教辅。其实不然，上课是老师传授新知识的最关键时段，是我们最应该把握好的"核心45分钟"。听课时，要做到积极思考，踊跃发言，听讲为主、做笔记为辅，认真完成课堂练习。

3. 巩固练习

下课后，要趁热打铁，将课堂所学知识，结合预习和老师讲解过程中自己所遇到的难点和薄弱环节，进行针对性的巩固和练习，在理解的同时实现活学活用，使知识得到强化。

4. 复习

子曰："温故而知新，可以为师矣。"学习过后，要不断进行巩固、复习，才能达到融会贯通的境界。要有重点、有计划地进行阶段性复习（课后、周末、月度、小考前、大考前），同时用好错题本。可以少做新题，但不要放过错题，要认真订正错题，有时间不妨多刷几次错题。

5. 检查

检查学习掌握的情况是最后一步，也是最重要的一步。它不需要在下一节课之前完成，但需要定期进行。最常见的检查方法就是做模拟试卷，或者参加学校统一进行的期中、期末考试等。

测试以后，要用表格记录和分析自己的测试结果，查缺补漏，进入下一个循环。

【作者有话说】

我们都知道，学习是没有捷径可走的，但是学业的成就是可以用方法和努力来取得的。

五步学习法是一个大的循环系统，每一步都不可或缺，最终才能实现良性循环，使你逐渐摆脱之前低效率、低水平的学习模式。

丹比萨·莫约曾说过："种一棵树，最好的时间是十年前，其次是现在。"从现在开始，对你的无效学习方法进行一下断舍离吧。

兴趣班断舍离：同家长约定退出机制

每个人都有自己的兴趣爱好。对孩子来说，参加兴趣班有助于培养兴趣、提升技能。

但实际上，有数不胜数的孩子被"望子成龙、望女成凤"的家长"鸡娃"到了极致，不管孩子愿不愿意，也不管他们是否真的感兴趣，就武断地将各种兴趣班，如美术班、钢琴班、声乐班、舞蹈班、书法班、围棋班、篮球班、烘焙班、主持班、机器人班、乐高班等，一股脑地强加到孩子身上。

一些孩子在课堂学习之外，还要奔波于各类兴趣班，这几乎占据了他们所有的空余时间，让孩子身心疲惫，苦不堪言。

【情景故事】

柳女士的经历非常有代表性。孩子还在读幼儿园大班时，她便给其报了钢琴课。

柳女士有一个根深蒂固的理念：对于兴趣班，只要家长能在经济上坚持住，孩子也一定能坚持下去。

在她的努力督促下，孩子第一年的表现还不错，但接下来两年，孩子的情绪开始反弹，变得十分抗拒弹钢琴，每次上课都要消极抵抗。

到了五六年级，由于面临小升初，孩子的学习任务越来越重，空闲时间越来越少。孩子此时已经发展到了痛恨钢琴的程度，而柳女士也经常被各种情绪拉扯。

如果选择放弃，意味着前期长达数年的坚持都将付之东流；如果坚持下去，看孩子痛苦的样子，她又有些于心不忍。

经过无数次激烈的思想斗争，柳女士最终决定停了孩子的钢琴课。

【行动指南】

对于兴趣班，我的建议是，如果你将来要走应试教育路线，就可以对一些不必要的兴趣班进行断舍离了。

那么，应如何对兴趣班进行取舍呢？

1. 主动选择还是被动选择

相信大部分孩子的兴趣班，都是被动选择的，即由家长来选择、报名，有些甚至是被家长逼着参加的。对于这类兴趣班，如果实在没有兴趣和精力，你可以同家长进行友好沟通，商讨一个妥善的处理方法。

对于自己主动选择的兴趣班，你也要根据学习情况来及时调整，如果确实符合自己的兴趣方向，确实有收获，且自己能应对，则可以继续坚持下去，否则也要进行断舍离。

2. 空闲时间多还是少

空闲时间是发展和沉淀兴趣爱好的必要条件。

如果你平时已经被学校功课占据大部分时间，就很难留出时间去拓展兴趣爱好，此时，就应该先提高自己的学习效率，有充分的空闲时间之后，再去考虑兴趣班。

3. 根据"多元智能理论"来取舍

哈佛大学心理学教授霍华德·加德纳曾在《智能的结构》一书中提出了"多元智能理论"。

加德纳教授认为，每个人都是具有多种智能组合的个体，人类的智能可以细分为八种：语言文字智能、数理逻辑智能、视觉空间智能、肢体动觉智能、音乐感知智能、人际交往智能、内察自省智能、自然观察智能。

这八种智能在个人身上的表现相对独立，每一种智能都与特定的认知领域和知识领域相联系。对于兴趣班的取舍，我们应该先了解自身智能的优势与特点（可在家长或老师的帮助下进行），这样就可以明确适合自己的发展方向，据此来选择兴趣班，做到有的放矢、取长补短。

4. 同家长约定退出机制

对已经选报的兴趣班，可以同家长约定退出机制，定期进行复盘。

在复盘时，要问自己几个问题：

第一，我在这方面是否有天赋？

第二，我是否喜欢这个兴趣班？

第三，在参加兴趣班的过程中，我和家长的时间、精力能否做好平衡？

如果以上回答都是否定的，就应启动退出机制，停掉相应的兴趣班。

【作者有话说】

对于兴趣班，我们要学会断舍离。只有放弃自己不喜欢的项目，转而学习自己真心喜欢的东西，才能激发我们的兴趣、潜力和进步。

同时，要平衡好自己和家长的时间、精力、经济投入，确保自己有足够的休息和自由时间，也尽量不要让家长的负担过重。

第三章

整理朋友圈：
远离"劣质"的朋友

懂取舍：远离"劣质"的朋友

相对而言，孩子比成年人更容易"友情脑"。

所谓"友情脑"，是指孩子将友情看得非常重要，会将自认为的"朋友"，当成"真朋友"。

随着年龄的不断增长，孩子眼中的朋友概念是在不断变化的。心理学家罗伯特·塞尔曼提出了"儿童友谊的五阶段"。

第一阶段：3～6岁。

在孩子眼中，朋友就是"暂时的玩伴"，一起玩的就是朋友，一旦分开就不是了。

第二阶段：5～9岁。

朋友是"能够帮到自己的人"，孩子会非常注重朋友关系，只要自己认为对方是朋友就可以，哪怕是并不友好的人。

第三阶段：6～12岁。

朋友有了"小团体"属性，孩子开始拉帮结派，甚至规定小团体不允许谁进入。

第四阶段：8～15岁。

朋友关系会更加亲密无间，双方互相帮忙，互相关心，不斤斤计较，甚至能接受对方的缺点。

第五阶段：15岁以上。

朋友关系变得成熟，能长时间保持下去，哪怕分别，也无法割裂这种关系。

我们可以结合自己的情况进行对照，不断调整对朋友的定位，同时要学会取舍，识别"真朋友"，剔除"假朋友"和"劣质朋友"。

《儿童心理学》作者鲁道夫曾说："同伴友谊对孩子的影响力很大，有些时候甚至会超出父母对孩子的影响力。"因此，如果孩子遇到"毒友谊"，就会带来不良的后果。

【情景故事】

警官齐艳艳在《我是演说家》里，分享过一起十多名学生对一名女同学轮流扇巴掌的校园欺凌案件。

该案件的起因是受害者拍了张照片发朋友圈，但是不小心拍到了施暴者，于是施暴者就从自己的同学中纠集了十多个人，声称要教训受害者。

参与施暴的学生，其中有六人都不认识受害者，他们之间也没有任何仇怨。之所以对受害者大打出手，就是出于所谓的朋友义气。

最后齐艳艳无比痛心地说道："就是因为这些孩子不懂得拒绝朋友，让施暴者多了一分嚣张的气焰，也让受害者少了一分求救的勇气。作为过来人我们都能理解，这个阶段的孩子，迫不及待需要认同和信任。而这些需求被同伴们满足之后，孩子的行为就很容易受到同伴的影响。加上他们认知能力比较弱，无法有效分辨所谓的好和坏，也无法有效控制自己的行为，各种层出不穷的悲剧也就诞生了。"

勒庞在《乌合之众》一书中写了这样一段话："孤立的个人很清楚，在孤身一人时，他不能焚烧宫殿或洗劫商店，即使受到这样做的诱惑，他也很容易抵制这种诱惑。但是在成为群体的一员时，他就会意识到人数赋予他的力量，这足以让他生出杀人劫掠的念头，并且会立刻屈从于这种诱惑。"

上面案例中参与施暴的孩子，正是为了所谓的朋友义气，为了融入所谓的朋友圈，而做了不该做也不利于自己的事，最终只能自食其果。

【行动指南】

友情虽然很重要，但并不是所有的友情都是真诚的、友善的、积极的，其中还会有嫉妒、排挤、打击和伤害。在交朋友的过程中我们一定要擦亮眼睛，学会辨别，善于对自己的朋友圈进行断舍离，远离以下"劣质"朋友。

1. 不守信的人

言而有信，是一项重要的做人法则，诚实守信是人身上最重要的一种品质。从古至今，中国人都崇尚重诺守信，顾炎武曾赋诗言志："生来一诺比黄金，那肯风尘负此心。"

人无信不立，一个人如果连最基本的信用都没有，你就要远离，避免与之交朋友。

2. 自私自利的人

自私自利的人，只考虑自己的感受和利益，忽略别人，而不懂得分享，只会让人产生反感。你身边如果有这种人，要与之少打交道，远离他们。

3. 危险分子

那些喜欢威胁别人、怂恿别人做危险尝试的人，断不可交。例如，有些孩子会教唆同伴去爬天台、野泳，这类会将你置于危险境地的危险分子，务必予以高度警惕，和他们划清界限。

4. 搬弄是非的人

喜欢到处挑拨离间、搬弄是非、背后说人坏话的人，是这个世界的捣乱分子，他们唯恐天下不乱。跟他们做朋友，你将永无宁日。

5. 心术不正的人

心术不正的人爱撒谎，爱占小便宜，甚至会明里暗里给人使坏，这是标准的坏人，缺乏正义感，千万不要与之交往。

6. 虚荣心强的人

虚荣心强的人喜欢攀比，喜欢处处压人一头，擅长打击别人的自信心。例如，这类人会说："你怎么穿这种国产牌子的球鞋呢？太'LOW'了！"这样的人要尽早断舍离。

7. 沉溺于游戏的人

沉溺于游戏的人，往往自制力较差，被游戏控制而无法自拔，导致上课无法专心听讲，成绩一塌糊涂。这类朋友，很难为我们带来正向的情绪价值。

8.带给你负能量的人

真正的朋友会让人放松、快乐，每次与之在一起都能吸收很多正能量，甚至让你"满血复活"。但如果跟对方在一起，总是带给你负能量，感觉自己的自信、能量都在流失，你就要小心了。

【作者有话说】

《荀子·劝学》中说："蓬生麻中，不扶而直；白沙在涅，与之俱黑。"物以类聚，人以群分。跟什么样的人打交道，你也会成为什么样的人。一个人想要学好不容易，但被带坏可是分分钟的事情。交朋友不在多而在精，我们对待友谊要有自己的鉴别意识，随时进行断舍离，宁缺毋滥。

跟讨好型人格说"拜拜"

心理学上，对讨好型人格定义为：总是把别人的需求放在首位，努力取悦他人，不敢拒绝，过分在意别人的感受和情绪，而忽略了自身的需求。

心理学家哈丽雅特·布瑞克在《讨好是一种病》一书中提到："关于讨好有一个很大的误解，很多人会觉得它是一种良性的心理状态，毕竟看起来，被当作好人总是不错的，但实际情况是，很多讨好者，已经不是简单地取悦他人，而是无法控制地讨好他人，下意识地牺牲自己，甚至对来自他人的赞赏和认可上瘾。"

有些人在追求友谊的过程中，容易无底线讨好对方，表现出讨好型人格。用讨好的方式，越追求友谊，越得不到友谊；越追求关注，越不被看见。

【情景故事】

电视剧《女心理师》中，小莫表现出来的就是讨好型人格，他的遭遇引起了很多人的共鸣，大家从他身上看到了自己的影子。

小莫是一个善良的人，对别人他有求必应，几乎不会拒绝。

去理发店，面对发型师的推销，他明知道自己不愿意办会员卡，但还是无法开口说"不"，最后掏钱办了卡。

在公司，他仿佛是无偿的劳动力，大家习惯把做不完的工作硬塞给他，他从不拒绝，别人都已下班回家，只有他还留在公司加班。

外出吃饭遇到下雨，尽管已经被淋成落汤鸡，他还是绕路帮别人去带热饮。

这样一个善良、热情助人的人，在公司却没有地位，是最不起眼的存在，各种集体活动，他都被排斥在外，大家还笑话他浑身"傻气"。

这就是典型的讨好型人格！显然，仅仅用讨好，换不来真正的友谊，也换不来别人的真心和同等对待。

【行动指南】

讨好型人格的孩子，通常比较自卑，自我价值感较低。这类孩子非常容易自我否定，别的孩子一句无心的玩笑话，都会让他们觉得自己被同伴嫌弃了。所以，他们会通过讨好别人，尽力给人留下好的印象，做一个"完美"的孩子。

尽管这类人心地善良，但他们活得很累，看起来人缘不错，但把他们当成真心朋友的不多。在人际交往中，我们要脱离这种行为模式，跟讨好型人格说"拜拜"。

1. 拒绝自我牺牲

在心理学中，人是以自我为中心去感知周边事物的，对一个正常人来说，首先应该在意的是自己的感受，其次才是其他人的感受。

而讨好型人格弄乱了这种次序，将别人的感受放在了首位。摆脱讨好型人格的第一步就是将自己的感受放在首位，拒绝自我牺牲，拒绝无原则的让步。

讨好型人格的人都是善良的人，他们认为过度关注自我是自私的表现，这是一种善良和大度。但事实上，适当的自私在一定程度上其实是人的自我保护机制，自私一点并不是什么难以启齿的事。

2. 学会说"不"

卓别林说："学会说'不'吧，那样你的生活将会好得多。"

我们一定要从小学会拒绝，既能保护自己，也能拒绝不必要的麻烦。老好人性格、讨好型人格的孩子，就是由于自小没有学会拒绝别人，最后弄得吃力不讨好。

合理地说"不"，适当地拒绝别人，不是无礼的行为，而是对自己内心真实感受的尊重。这不仅是对自己的保护，也是对健康友谊的一种保护。

学会拒绝吧，即便是老师和家长的要求，只要自己觉得不合理，不愿意去做，我们也要试着去拒绝。

3. 建立自己的底线

讨好型人格无原则地顺从别人，没有自己的底线。因此，我们要具备底线思维，建立自己的底线和原则。要让别人明白：我可以帮你，但不是毫无底线地帮忙；我可以容忍你，但不是毫无底线地一再退让。

当我们拥有了底线思维时，才能坚决制止别人对自己的越界行为，才能更好地保护自己，让自己活得更加洒脱、更加自信。

4. 不要太在意别人的看法

心理学家阿德勒说："在人际关系上，别人如何评价你，那是别人的课题，你根本无法左右。"

讨好型人格非常在意别人对自己的看法，他们会在别人的眼光里，变得小心翼翼，谨小慎微。

我们要卸掉这种心理负担，不要太在意别人的看法，要多关注自己的情绪和感受；也不要担心因此而失去朋友，靠讨好换来的友谊，不要也罢。

【作者有话说】

讨好型人格的孩子是善良的，但拒绝讨好型人格并不是拒绝善良，而是学会如何正确使用自己的善良，不被别人利用。否则，他们一生都会活在别人的眼光和评价中，负重前行，迟早会被压垮。

"你若盛开，蝴蝶自来；你若精彩，天自安排。"与其讨好别人，不如提升自己，待到时机成熟时，就会有一大批真正的优质朋友与你同行。

直面欺凌：对欺凌行为勇敢说"不"

近来，校园欺凌，即学生欺凌事件屡上热搜，引发了广泛的社会关注和讨论。

《未成年人保护法》明确规定，学生欺凌，是指发生在学生之间，一方蓄意或恶意通过肢体、语言及网络等手段实施欺压、侮辱，造成另一方人身伤害、财产损失或精神损害的行为。

其具体表现有以下几种。

第一，肢体欺凌。包括殴打、脚踢、掌掴、抓咬、推撞、拉扯等侵犯身体或者恐吓威胁的行为。

第二，言语欺凌。以辱骂、讥讽、嘲弄、挖苦、起侮辱性绰号等方式侵犯人格尊严的行为。

第三，财物欺凌。包括抢夺、强拿硬要或者故意毁坏他人财物。

第四，社交欺凌。恶意排斥、恐吓、威胁、逼迫、孤立他人，影响他人参加学校活动或者社会交往。

第五，网络欺凌。通过网络或者其他信息传播方式捏造事实诽谤他人、散布谣言或者错误信息、诋毁他人、恶意传播他人隐私。

可见，校园欺凌绝非孩子之间的"小打小闹"，处理不好，这很可能会成为影响被欺凌者一生的梦魇。

当我们遇到校园欺凌时，要勇敢地利用各种方式来保护自己，对欺凌行为进行断舍离，让欺凌行为彻底远离自己。

【情景故事】

故事的主人公是一名网名为"陈十八"的妈妈。

事情的起因，是妈妈发现四年级的儿子被同学敲诈勒索了。儿子对妈妈说，勒索他的几个同学还让他下次带100元过去。

妈妈没有声张，让儿子带100元去了学校，然后做了一系列安排。

孩子到校后，钱果然又被欺凌者强行要去。

不久后，妈妈带警察到学校找到了欺凌者。

在警察面前，几个坏孩子吞吞吐吐承认了曾多次向别人索要财物。

欺凌者的家长也被叫到了学校，但没有任何歉意，反而警告陈十八不要到处宣扬。

陈十八毫不客气地警告对方："我现在是在给你们的孩子机会，如果你们不配合，下一步我会举报到教育局，并联系媒体朋友把事情搞大！"

欺凌者的家长这才慌了神，连忙叫孩子一同道歉。

但陈十八并不接受这种私下道歉，她要求欺凌者的家长带着孩子，在教室当着学生、校长、老师的面，给自己的孩子进行道歉，并作出不再欺凌同学的保证。

最终，欺凌者的家长同意了她的要求。在对方道歉和作保证的过程中，陈十八还进行了全程录像，作为证据。

陈十八用自己的方式为孩子讨回了公道，打击了欺凌者的嚣张气焰，值得广大家长学习和借鉴。当我们遇到欺凌行为时，一定不要隐瞒不报，要及时向家长求救。

【行动指南】

在电影《第二十条》中，有老师描述校园欺凌时说："被欺凌的孩子不愿意承认，看见的孩子不敢站出来指认。"由此也可以看出校园欺凌的复杂性和隐蔽性。

当我们真正遭遇校园欺凌时，应当怎么办呢？

1. 尽量不携带贵重物品

进出校园，尽量不携带手机等贵重物品，不公开显露自己的财物，避免被人盯上。

2. 不做欺凌者

欺凌行为为人所不齿，也会触犯法律。故意殴打他人、侮辱他人、使用暴力索取他人财物等行为有可能构成寻衅滋事罪、侮辱罪、抢劫罪、故意伤害罪等。如果欺凌者年龄达到标准，是要承担法律责任甚至刑事责任的。

因此，我们要从自身做起，不做欺凌者。

3. 不做旁观者

当遇到别人被欺凌时，不要事不关己，高高挂起，要在能力范围内施以援手，帮助被欺凌者；同时，要随机应变，及时向老师、家长报告，甚至报警。切记，不要做欺凌者的帮凶，更不要在欺凌行为现场煽风点火。

4. 安全第一，机智求助

人身安全永远是第一位的，遇到欺凌时，不要激怒对方，可以向路人求救，用异常动作引起周围人注意；必要时可采取正当防卫，前提是要有自卫的能力。

在公共场合受到欺凌时，应当大声呵斥警告，以起到震慑作用。如果被一群人胁迫，则应大声向周围的人求救。

如果在封闭场所被胁迫，应先采取迂回战术，尽可能拖延时间，保持沉着冷静，不要去激怒对方；要试着去麻痹对方，缓解气氛，分散对方注意力，同时获取对方信任，为自己争取时间，寻找机会逃走。

5. 结伴而行

平时要处理好同学关系，不要太过另类和孤僻。上下学的过程中可以和同学结伴而行，不给坏人可乘之机。独自出去时，尽量不要走僻静、人少的地方。不要天黑再回家，放学莫在路上贪玩，按时回家。

【作者有话说】

如果自己受到了欺凌，要勇敢坚决地说"不"，不能唯唯诺诺，或者选择沉默，这是对欺凌者的纵容，有了第一次，就还有第二次。但如果对方人多，自身处境比较危险，要首先保证自己的安全，用语言跟对方周旋，找准机会逃走。不能直接与对方硬碰硬，先尽可能保护自己的人身安全，事后再找机会设法让对方受到惩罚，但绝不能默默忍受。

第四章

时间规划：
时间管理上的断舍离

记录一下，看你的时间去哪了

人的每一天都是由 24 小时组成的，如果把每一天单独拎出来看，人和人之间好像区别不大。

但总有些人能把日子过成人人羡慕的样子，整个人看上去精力充沛，学习、生活、娱乐一样都没落下。他们不仅能够游刃有余地完成课堂任务、家庭作业，轻松应对各种课外班、兴趣班，除此之外，还有时间进行休闲娱乐。

而有些人却只能像个陀螺一样，不停地旋转再旋转，想停也停不下来，仅仅家庭作业都让他们疲于应对，每天都要很晚才完成。

其中固然有天赋和精力方面的因素，但更根本的原因在于我们是否懂得时间管理。懂得时间管理的人，会将自己的时间安排得井井有条，时间利用率非常高；不擅长时间管理的人，生活则是一团糟，有不同程度的磨蹭、拖延、懒惰的坏习惯，时间利用率不高，不知道时间丢哪儿去了。

做好时间管理的第一步，是对自己的时间安排进行记录，看自己的时间都花在了什么地方，才能对无效时间进行断舍离。

【情景故事】

柳比歇夫，苏联著名的昆虫学家、哲学家和数学家，也是一名时间管理专家。

柳比歇夫进行时间管理的方法很简单，就是记录下自己每天的时间安排。

从 26 岁开始，柳比歇夫就开始做这项记录工作。他每天像记账一样记录自己的时间安排，从起床开始，自己先后做了什么事情，每件事情花了多长时间，他都会进行记录。

他会对记录的内容进行分析。首先，分辨哪些事情是有意义、有价值的，也是必须要做的，对这类事情，要保证充分的时间供给。其次，找出哪些事情是没有必要做的，也就是哪些时间被浪费掉了。最后，他会根据分析结果来调整自己的计划和时间安排，让自己把时间用在那些有意义、有价值的事情上面。

柳比歇夫一生都在进行对无效时间的断舍离，集中精力做有意义、有价值的事情，他笔耕不辍，先后完成了70余部著作。

【行动指南】

像柳比歇夫一样进行时间管理，方法简单而有效，简单来说，就是记录并分析我们每天的时间安排，找出浪费时间的事情，最后重新安排时间。这样的方法可以让我们节省很多时间，利用有限的时间做有价值的事情。

1. 记录每天的时间安排

除了在学校的学习时间，要记录自己所做的每一件事情，主要内容包括：所做事情、开始时间、结束时间等。内容越详细越好，可以借助一些简单的表格来进行。

时间记录表

序号	所做事情	开始时间	结束时间	总计用时
1				
2				
3				
4				
5				
6				

2. 对时间进行分类

不管是事无巨细的全记录，还是只记录重点的部分记录，我们都可以在记录中把时间分为几个类别，如生活、学习、休闲、其他等。

第一，生活时间。可以记录睡觉、吃饭、洗漱、整理房间等。

第二，学习时间。可以记录阅读、做课后作业、做课外作业等。

第三，休闲时间。可以记录看电视、休息、发展兴趣爱好等。

第四，其他时间。可以记录偶然发生的事情，如同学来访、生病等。

3. 对时间进行分析

对时间进行记录与分类后，要进一步分析自己的时间，比如——

第一，时间都花在了什么地方？

第二，自己在哪些时间做了有价值的事情？

第三，自己在哪些时间做了不该做的事情？

第四，哪些时间的花费是必需的？

第五，哪些时间是被白白浪费的？

由于自己是时间的亲历者，我们还可以进一步分析出——

第一，自己在什么时段可以高效地学习？

第二，自己在什么时段精力不足、状态不好？

第三，自己在什么时段自制力比较强？

第四，自己在什么时段自制力比较差？

4.对无效时间进行断舍离

根据以上分析结果，制定时间断舍离标准和约束机制，对一些被浪费的无效时间进行断舍离，即刻意不去做一些事情。

例如，在效率高、自制力强的时段可以安排一些有意义的事情，如学习、读书；在效率低、自制力差的时段，可以适当安排一些休闲放松的事情，但不要超时，以免不必要的时间浪费；而对那些占用时间较多的刷手机、玩游戏、网络聊天等无意义的事情，要进行断舍离。

【作者有话说】

时间是不等人的，也是不可控的，我们无法改变时间，唯一能改变的就是我们自己。

如何才能让每一分时间都不被浪费？从现在开始就记录自己的时间安排，让每一分时间都被利用起来，让每一项任务都制定得合理。

四件事：你先处理哪一个？

我们面临的所有事情，都可以用"四象限法则"分成四类。

"四象限法则"是著名管理学家史蒂芬·科维提出的，他把事情按照重要和紧急的程度进行了划分，分为四个象限：重要且紧急、重要但不紧急、紧急但不重要、不重要也不紧急。

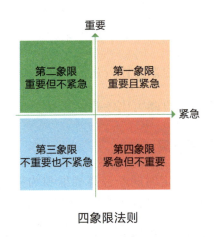

四象限法则

以上四种类型的事情，你知道应当先处理哪一类吗？

四象限时间管理法，适合那些有时间观念但是不懂如何进行高效时间管理的人。

【情景故事】

"儿子,作业完成得怎么样了？"妈妈下班后看到儿子在自己房间写作业。

"我正在写，妈妈！"

妈妈转身去厨房准备晚饭。

"作业写完了吗？"眼看晚饭就要做好，妈妈又催道。

"快了，妈妈。"

妈妈不放心，进儿子房间查看了一下，发现语文、数学、英语三科作业，数学写了几道题，英语作文开了个头，语文写了十几个汉字。

"这都放学很久了，你才写这么一点？这么长时间，你都干吗了？"

"本来我想先写数学，但是后面太难，我不会，就放下了，开始写语文，写了几个字之后，又想到还有英语作文，所以我就赶紧……"

儿子的一番解释，让妈妈哭笑不得。

很多孩子在学习时都存在类似的问题，他们不是不愿意写作业，也不是有意拖拉，而是在面对多项学习任务时，不知道怎样进行合理化安排，便手忙脚乱，导致浪费了大量时间，却没有多少效果。

【行动指南】

针对一些人不会管理时间的问题，下面讲一下四象限时间管理法，可以帮助你对日常任务进行合理安排。

1. 将要做的任务列一个清单

将你要做的任务，列一个详细的任务清单，比如：

做语文作业、做数学作业、做英语作业、上补习班、做家务、运动、看电视、看手机、读课外书、预习、整理书包、接待客人。

列清单的过程，也是一个梳理任务和强化任务印象的过程，会带给你满足感和成就感，有助于提升学习兴趣，为下一步的工作做好准备。

2. 将任务进行分类

将上述任务分为四类：重要且紧急、重要但不紧急、紧急但不重要、不重要也不紧急（见下表）。

四类任务

类别	任务
重要且紧急	做语文作业、做数学作业、做英语作业、上补习班
重要但不紧急	预习、读课外书、整理书包、运动、做家务
紧急但不重要	接待客人
不重要也不紧急	看电视、看手机

3.任务处理的先后顺序

对以上四类任务，处理的先后顺序为：

第一，重要且紧急的任务，马上去做。比如作业，第二天要上交，必须要尽快完成；再比如补习班，当天就要去上，不能延后。

第二，重要但不紧急的任务，安排时间去做。比如预习、读课外书、运动、做家务等，对于提升你的学习成绩、整理能力、身体素质和自理能力，都有重要意义，需要安排时间去做。

第三，紧急但不重要的任务，可以委托人做。比如有客人来访，自己适当打一下招呼，就可以让父母去接待。如果是你的同学、朋友来访，则应亲自接待，但要注意掌握时间。

第四，不重要也不紧急的任务，避免去做，要抵挡住诱惑，进行断舍离。比如看电视、看手机等。

【作者有话说】

对以上四类任务，科学的处理顺序应该是：首先处理重要且紧急的任务，其次处理紧急但不重要的任务，再次处理重要但不紧急的任务，最后处理不重要也不紧急的任务。

需要特别注意的是，最重要的事情不一定十万火急，最紧急的事情也未必十分重要。如果只按紧急程度来处理事情，就会忽略事情的轻重。

80/20 法则：把时间花在有价值的事情上

1896 年，意大利经济学家维尔弗雷多·帕累托在研究学徒分配问题时，发现了一件非常奇怪的事情：大约 20% 的学徒创造了 80% 的工作产量。这是一种令人不安的财富分配模式，后来被称为帕累托定律，也被称为二八定律、80/20 法则。

有了这个发现，帕累托继续在他感兴趣的其他领域深入探究，他发现生活中的大多数事情投入和产出都是不均衡的。在各个领域，80/20 法则似乎都适用，比如：

20% 的时间产生了 80% 的成果；

20% 的员工创造了 80% 的利润；

80% 的销售额来自 20% 的客户；

20% 的人拥有全国 80% 的收入。

最后，他得出结论，20% 的投入创造了 80% 的产出。

【情景故事】

威廉·摩尔早期做过涂料推销员，第一个月，他只挣到了 100 多美元。

摩尔是一个善于思考和总结的推销员，他仔细研究了自己的销售记录，发现 80% 的销售收入是由 20% 的客户带来的，其他 80% 的客户只给他贡献了 20% 的收入。而他在销售的过程中，却对所有的客户均衡对待，花费同样的时间和精力。

基于这种情况，摩尔决定调整自己的工作重心，他开始将精力和时间集中到少部分有可能带来大额成交的客户身上，那些成交希望较低的客户，他则大方地交给公司重新分配。

很快，摩尔的收入就翻了好几番，月薪达到了 1000 美元。在后来的工作中，摩尔一直奉行 80/20 法则，事业实现了跨越式发展，他最终与威廉·凯利共同创立了凯利－摩尔涂料公司。

我们的时间和精力都是有限的，要想在有限的时间里做出不凡的成就，就应该运用好 80/20 法则，将时间和精力花在那些重要的事情上。

【行动指南】

时间管理上的 80/20 法则的核心在于：在我们所做的努力中，通常有 80% 的收获来源于 20% 的时间付出，而另外 80% 的时间付出则只带来 20% 的收获。

在学习中同样存在这种现象：

有一类学生，学习非常刻苦，花的时间也特别多，但成绩始终不上不下；还有一类学生，不管是在家里还是在学校，平时该学学，该玩玩，看上去很轻松，并没有花太多时间学习，但成绩始终名列前茅，被大家称为学霸。

学霸之所以成为学霸，固然有智商的因素，但也有时间管理的因素：前者用 80% 的时间低效完成了 20% 的学习任务，后者用 20% 的时间高效完成了 80% 的学习任务。

因此，我们要找出能够带来 80% 收获的那 20% 的关键任务和关键时间。做到这一点，才能让我们的学习事半功倍，四两拨千斤。

如何在学习中运用 80/20 法则呢？可以依照下面三个步骤来做。

第一步，列出自己每天的学习任务。

第二步，依据下表对任务进行分类。

学习任务分类

序号	价值 80% 的学习任务	价值 20% 的学习任务
1		
2		
3		
……		

什么是价值 80% 的学习任务呢？

对一门课而言，就是重要的知识点，我们必须学会把这重要的占比 20% 左右的知识点找出来。

对考试而言，则是基础题和中等难度的题，它们占大约 80% 的分值，另外 20% 左右则是难度较大的拔尖题。我们只要把 80% 的基础题和中等题拿下，就能有不错的成绩。

第三步，依据表格分配时间和精力。

根据以上任务分类，来分配自己的时间和精力，重点放在能带来 80% 成绩的任务上。当然，我们并不主张放弃其他任务，而是避免均衡用力，要优先保障重点任务，如果还有时间，再兼顾其他任务，这样才能最大限度提高学习效能。

【作者有话说】

培根说："合理安排时间，就等于节约时间。"时间管理的本质不是单纯追求效率，而是学会做减法。做减法就是做决策，有选择地去安排时间，减少那些不必要的事，选择更重要的事。

从某种意义上来说，学业成功的秘诀就在于，把 80% 的时间花在能带来最多收获的 20% 的学习内容上，好钢用在刀刃上。

拖拉磨蹭的毛病怎么断？

人们在小时候是没有时间观念的，只注重当下的事情，年龄越小的孩子越有可能磨蹭。如下的场景，相信你并不陌生：

眼看上学已经快迟到了，却还在慢悠悠地系鞋带；

学习效率低，写作业拖拖拉拉，做题超级慢；

不爱读书，一个小时翻不了几页书；

不仅早上起床要催，洗脸、刷牙要催，就连吃个饭都磨磨唧唧；

…………

"快起床""快穿衣服""快吃饭""快点走""快写作业""快去学习"……

大部分孩子都是在家长的这类催促中长大的。

拖延的行为，不仅影响了生活的有序性，也降低了我们的学习效率，长此以往会影响我们综合素质的提高和个性的良好发展。

小时候做事拖拉磨蹭、缺乏时间管理能力的孩子，成年后也很难在工作上取得成绩，有的甚至一生都一事无成。

因此，我们要设法断掉拖拉磨蹭的毛病，戒掉拖延症。

【情景故事】

1968 年，美国心理学家沃尔特·米歇尔做过一场著名的 "棉花糖实验"。

参加实验的是斯坦福大学比英幼儿园的 32 名幼儿，实验开始后，每个孩子面前都有一块棉花糖。孩子们被告知，他们可以马上将糖吃掉，也可以再等一等，如果他们能等 15 分钟再吃的话，那么他们将得到第二块棉花糖。

有些孩子禁不住诱惑立马就把糖吃掉了，有些自制力比较强的孩子则等到了第二块棉花糖。

后来，又相继有数百名孩子参加了这项实验。这项实验的初衷是测试孩子的自控能力，即自我延迟满足能力。但是十几年后，对当初实验对象的跟踪调查有了意外的发现：那些能够禁得住棉花糖诱惑、愿意等一段时间的孩子，也就是自我延迟满足能力较强的孩子，后来的表现更出色，成绩更优秀。

所谓延迟满足，即能够经受住当下的诱惑，去追求更大、更长远的目标，以获得更大的成就和享受。具有延迟满足能力的人，可以有效克制个人欲望，放弃眼前诱惑，着眼长期目标。

延迟满足能力较弱的人，具有即时倾向，做事习惯拖延；延迟满足能力较强的人，则具有较强的自制力，很少拖延。

【行动指南】

克服拖拉磨蹭的毛病，我们要提升自己的延迟满足能力。樊登说："人生的改变总是需要一个抓手，对我来说，就是读书。"克服拖延，我们也需要一个抓手，它就是科学有效的方法。

1. 意识到自己在拖延

我们小时候由于没有时间观念，即使经常拖拉磨蹭，也不会觉得自己是在磨蹭。

随着我们年龄的不断增长，自主意识不断增强，自我感知能力也在不断提升，要有意识地进行自我观察，确认自己是否存在拖延行为。意识到自己在拖延，就已经前进了一大步。对孩子而言，能意识到自己的不良行为，就已经在改进的路上成功了一半。拖延，最怕无意识，最怕当事人茫然不自知。

2. 列一份断舍离清单

断舍离用在克服拖延上，最核心的方法就是列出"不做什么"的清单，将它们断掉、舍弃、隔离。例如，玩具、遥控器、手机、零食、外面嘈杂的声音等容易让自己分心的干扰因素，要想办法断舍离。

在学习时，要提前做好所有准备工作，书桌上不摆任何与学习无关的东西，中途不要有小动作，养成高效学习、高效行动的好习惯。

3. 提升专注力

很多人之所以出现拖延现象，是因为做事不够专心、三心二意，写作业的时候想着玩，一会儿去喝水，一会儿去厕所，一会儿坐下，一会儿又站起来，很不专注。

如果你也有这种情况，试着排除干扰，让自己去专注做一件事，开始可以先专注做事 10 分钟，再逐步增加到 15 分钟、20 分钟、30 分钟，来提升自己的专注力。

4. 设置时间限制

我们都有这样的经历：游戏玩了一局又一局、视频刷了一个又一个、动画片看了一集又一集，很难停下来，时间不知不觉中大量流走。

根本原因是我们缺乏对自己的叫停机制，玩起来就停不下来。针对这种情况，就应该给自己设置好休闲娱乐以及学习的时间限制，一旦到时间，就强制自己退出，确保不会在一项活动或任务上花费过多的时间。

5. 借助普雷马克原理

普雷马克原理，强调用高频行为来强化低频行为，从而促进低频行为的发生，即将高频行为（喜欢的行为）作为低频行为（不喜欢的行为）的有效强化物。

在日常生活中，普雷马克原理常常被用到，比如以下场景：

你要先完成家庭作业，然后才可以玩游戏；

你要先练字半小时，然后才可以看电视；

你要先整理好自己的房间，然后才可以出去玩；

你要先考一个好成绩，然后才能得到这套玩具。

通过普雷马克原理，我们知道，如果你能够很好地完成一件自己不喜欢的事情，之后做一件自己喜欢的事情，就能够弱化对前一件事情的不喜欢。

因此，我们就可以针对那些容易出现拖延的任务，来给自己设定一些"前提性合约"，比如按时完成任务之后，可以奖励一下自己，即让自己喜欢的事情作为完成任务（不喜欢的事情）的强化物。

6. 跟家长做好约定

我曾问过一个四年级的小朋友，尽快写完作业，再去玩耍不好吗，为什么非要拖拖拉拉？结果，孩子的回答是："如果我提前写完作业，妈妈还会给我安排别的作业，不会让我去玩的。"

孩子的这种拖延，就是没有底线和原则的家长的责任了。如果有这种情况，我们就要大胆地和家长进行沟通，做好约定，只要自己能完成既定的学习任务，那么剩余的时间都由自己来支配，家长不应再安排其他学习任务。

【作者有话说】

有了一次次的拖延，一次次的时间浪费，人生的差距就会被逐渐拉大。哈佛大学学者哈里克曾说："世上93%的人都因拖延的陋习而一事无成，这是因为拖延能杀伤人的积极性。"因此，我们一定要制止自己拖拉磨蹭的行为，想方设法戒掉拖延症。

第五章

劳逸结合：

不会休息的人，就不会学习

不会休息的人，就不会学习

有的孩子，做事喜欢一鼓作气，比如，连续两三个小时做作业，中间不休息。有的家长还会对孩子的这种行为大加赞赏，十分鼓励。

从表面上看，孩子似乎非常专注，一口气将事情做完，也会有成就感。

不过，从大脑健康的角度来看，我并不赞同这样的做法。

相信大家都有过这样的体会：开始学习的时候，效率很高，渐渐地，就有了疲惫的感觉，于是开始强迫自己打起精神，硬撑着坚持下去，而此时学习的效率和效果已经大打折扣了。

古有头悬梁、锥刺股这样的故事，目的是告诉我们要珍惜时间，刻苦学习。古人的意志力虽然值得佩服，但这种做法不值得效仿。

我们主张刻苦学习，更主张劳逸结合。如果你的刻苦是指放弃自己的正常休息时间，不断地挤压睡眠时间，那么这是不值得提倡的。这样不仅效率不高，还会对身体造成伤害。

学习过程是枯燥而又非常耗费脑力的过程，需要不断通过休息进行调节，让大脑获得放松的时间。

在学习间隙善于休息的人，才是真正掌握科学学习方法的人。

【情景故事】

齐肇楠，是一名女生，从小她的学习成绩就特别优异。从小学开始，她的成绩就一直在班级里名列前茅，父母也没有操太多心。

一直到高中，齐肇楠不仅文化课成绩好，而且还是一位才女，她喜欢写诗，还擅长编写剧本。

学校有一次计划上演戏剧《暗恋桃花源》，需要改编剧本，演出时长不能超过 15 分钟。齐肇楠根据自己对该剧的理解，成功将该剧缩短到 15 分钟，被极限压缩后的这部戏剧，演出效果依然很好。

齐肇楠在学习上也很有方法，她会劳逸结合，不会像压缩戏剧时间那样去压缩自己的休息时间。

高三那一年，很多同学都面临高考压力，有意无意地都紧张了起来。大家充分利用一切可以利用的时间奋笔疾书，甚至"秉烛夜读"，但是齐肇楠每次感觉学习累的时候，都会给自己一些休闲放松的时间，她的休息方式是看小说。

在外人看来，高考在即，还看无用的书，这不是在浪费宝贵的时间吗？

齐肇楠对这种休息方式有自己的解释，觉得看小说不算不务正业，她将看小说当成了一种休息。每当写作业写得烦了，她就会用看小说来调节一下，对她来说，这就是最好的休息方式。

齐肇楠还表示"不会休息的人就不会学习"，后来的高考成绩证明了她的理念是正确的。在 2010 年高考中，齐肇楠不负所望，考出了 685 分（语文 142 分、数学 142 分、英语 131 分、文综 260 分、其他加 10 分）的好成绩，是北京市 2010 年高考文科状元。

齐肇楠的事例告诉我们，适当休息，不仅不会影响学习，还是高效学习的助力。"一张一弛，文武之道"，适当的休息是持续高效学习的保障。

【行动指南】

调整好作息时间，才能保证学习效率。有的学生课间疯狂地玩，一上课就开始犯困。有的学生课间不休息，仍在学习，看起来是在充分利用时间，但其实大脑和身体没有得到休息，没有放松的时间，学习效率并不高，其实完全没必要。对于这种学习理念，我们有必要及时进行调整，及时止损，学会休息，学会劳逸结合。

1. 课间充分放松

学校安排的每堂课 45 分钟，课间休息 10 分钟，是非常科学合理的。上完一节课，要充分利用课间休息时间去放松，别再继续学习看书，尽可能到户外活动活动，让身体得到舒缓，让大脑得到放松。

但注意不要在外面疯跑，这样容易使神经过度兴奋，很难在下一节课刚开始时平静下来。也不要在课间看一些情节曲折、悬念感很强的课外读物或小说，否则我们的思绪容易被剧情带走，下一节课好长时间都难以调整过来。

2. 午饭以后要进行适当的休息

用餐后，食物进到胃里，大脑容易缺氧缺血，需要休息，因此饭后一般建议休息 30 分钟左右。

3. 晚上尽量不要熬夜

晚上不要熬夜，这样会压缩睡眠时间，直接影响第二天的精神状态，导致出现恶性循环。

对于晚上入睡时间，小学生一般不要超过晚上 9 点半，中学生一般不要超过晚上 10 点半，每天至少要保证 8 小时高质量的深度睡眠。有了高质量的睡眠，才能休息好，才能保证有一个良好的精神状态来应对第二天的学习。

【作者有话说】

列宁说："不会休息的人，就不会工作。"用到学习上更是如此，不会休息的人，就不会学习。

一般来说，连续学习 30～45 分钟就要休息一下，休息的时间不用太长，5 分钟左右就足够。有的人会担心频繁休息会影响注意力，其实根本没有必要担心。因为即便不休息，我们的大脑也会在潜意识里给自己"放假"。

莫法特休息法：学习休息两不误

农业生产上，有一种"间作套种"的科学种田方法。农民在实践中发现，连续几季都种相同的作物，土壤的肥力就会下降很多。因为同一种作物吸收的是同一类养分，长此以往，地力就会枯竭。于是，就出现了间作套种的方式，即在同一片土地上按照不同比例种植不同种类的农作物，用来提高土地利用率和产量。

人的脑力和体力劳动也是一样的。如果一直进行同一项学习任务，时间长了就会疲惫，效率降低，而如果每隔一段时间就变换不同的任务，就会让人产生新的兴奋点，人的脑力和体力就可以得到有效的调节和放松，进而提高学习效率。

莫法特休息法，就是这样一种兼顾学习与休息的方法，它甚至能在两种不同的学习任务之间进行切换，在不影响学习时间的情况下，也能达到休息的目的。

【情景故事】

詹姆斯·莫法特是《新约圣经》的译者，据说莫法特的工作室里依次摆放着三个工作台：第一个工作台上放的是《圣经》的翻译稿；第二个工作台上放的是他所操刀的一篇论文；第三个工作台上放的则是他正在写的一部侦探小说。

莫法特的工作方法是，第一项工作做累了，就转移到第二个工作台，继续第二项工作，然后以此类推，进行第三项工作。

莫法特进行工作切换的同时也是在休息，因此该方法被称为"莫法特休息法"。

我们很难长时间将精力集中到一项任务上，长时间做某项单一的任务，因为精力下降，效率也会随之降低。

莫法特休息法，通过切换不同的任务来恢复精力，而恢复的精力又可以支撑下一项任务的完成。

休息，是为了更好地学习。莫法特休息法，是一种主动休息法，能够有效克服人在执行某项固定学习任务时的拖延、畏难情绪。而且，通过劳逸结合、不断切换任务内容和强度的方式，我们对紧张的神经进行主动的调节和放松，使人的精力更加集中、精神更加饱满。

【行动指南】

莫法特休息法的最终目的是让自己保持新鲜感，因此每隔一段时间，我们应该主动改变一下学习环境和方式，在必要的时候做到劳逸结合，让学习与休息有效结合起来。通过这种转换，我们可以把时间充分利用起来，而学习效率也会得到不断提升。

我们运用莫法特休息法进行学习任务切换时，需要遵循以下原则：

1. 按左右脑功能来切换任务

人的左右脑功能各有侧重，其中左脑更多呈现的是逻辑思维，使人更加理性；而右脑则更多习惯于进行抽象思维，使人更加感性。因此，我们可以根据左右脑的不同功能，来切换不同类型的学习任务，以便获得更好的休息。

一般人的左脑擅长逻辑思维，如数学、物理、化学等理科类科目，而右脑则比较擅长抽象思维，如语文、历史、政治等文科类科目。

在安排学习任务时，可以将文科类和理科类交替进行，以达到有效休息的目的。

2. 按劳动类型来切换任务

当进行某项脑力劳动后，可以适当切换为某项体力劳动，从而使身体得到舒展，大脑得到休息。比如，写完某科作业略感疲乏时，不妨做一些健身运动，在室内活动一下身体，或到室外散散步。

3. 按属性来切换任务

所谓属性，是指任务为常规性任务还是创造性任务，可以将不同属性的任务进行切换。从事一段时间的创造性任务后，不妨做一些常规性任务，让大脑休息一下。比如，做完比较烧脑的数学题后，可以练一练字、写一写英语单词等。

4.按感官来切换任务

比如，眼睛看书看累了，手写字写累了，就可以听一下英语，练习一下听力，这样让眼睛和手休息的同时，也不耽误学习。

【作者有话说】

当面对同质化的学习任务时，不建议采取莫法特休息法。

睡眠：彻底的"停工期"

研究表明，当人的睡眠不足时，大脑受到的影响和轻度醉酒基本上是一样的。在醉酒状态下，人的大脑是昏昏沉沉的，如果此时去学习，效果可想而知。

从生理角度来看，睡眠不足会影响大脑和人体对葡萄糖的吸收，导致细胞因无法充分从血液中吸收葡萄糖而能量不足，使人感到更加疲惫。

另外，大脑的前额叶也需要能量，如果能量出现短缺，也会出现严重的后果。大脑的前额叶对大脑其他区域具有控制作用，可以让大脑的"报警系统"安静下来，帮助人们管理压力、克制欲望、抵制诱惑。

而一旦睡眠不足，大脑各个区域之间的连接就会出现问题，报警功能被弱化，结果造成人对普通的压力、欲望和诱惑都会反应过度。

这样，我们的身体就会一直处于应激状态，难以安静下来进入学习模式。在这种模式下，我们的生活会进入拖延的恶性循环中，有睡眠研究专家还为这种状态起了一个名字——"轻度前庭功能紊乱"。

我们要想保证自己的学习精力充沛，首先要提升身心能量的水平。而睡眠是恢复、补充身心能量最好的方式之一。

然而，随着就读的年级越来越高，我们的睡眠时间越来越少，睡眠质量越来越得不到保证，导致白天的精神状态越来越差。

【情景故事】

翟婷是一名高三学子，就读于河南省某所高中。翟婷和同学们一样，正在为高考做最后的冲刺。

这是一所寄宿制学校，按规定宿舍 10 点半要熄灯，同学们要上床睡觉。然而，熄灯后，很多同学都不睡，一直熬夜学习到眼睛睁不开为止。

翟婷也不例外，零点以后入睡是家常便饭，她的起床闹钟则定在了 5:30，每天的睡眠时间甚至不足 6 小时。

即便是短短的 6 小时，翟婷也无法保证睡眠的质量。因为在最近的一次模拟考试中，她的成绩并不理想，同自己期望达到的一本线尚有一段距离，因此，她一刻也不敢松懈。这种高度紧张的状态让她十分焦虑，影响了睡眠质量，即便躺在床上，也是心事重重，难以入睡。

熬夜学习，是一种舍本逐末的学习方式，应当舍弃。

人体各器官长时间兴奋，就会出现疲劳现象，这时就需要休息，使兴奋得到适当的抑制。最好的休息方式是睡眠，睡眠是一种保护性抑制，是彻底的休息时间和"停工期"。睡眠质量的好坏会直接影响到我们的成长发育。

【行动指南】

不懂得休息就不会学习，通过压缩睡眠时间去学习会使我们的学习效率下降。关于睡眠，一是要保证睡眠时间，二是要保证睡眠质量，以下方法对提升睡眠质量有帮助。

1. 记录自己睡前做的事和情绪

将自己每天晚上睡前所做的事情记录下来，观察自己的情绪状态。比如，记录自己一天都做了什么、想了什么，睡前感受和情绪如何。

坚持一段时间之后，你就会发现那些让你牵挂的事和烦恼都被丢给了日记本，而你就可以轻松入睡了，且睡得很香。

2. 做好睡前准备，进入深度睡眠状态

如何进入深度睡眠？千万不要看完书后直接上床，或放下书倒头便睡，这样不利于进入深度睡眠状态。因为人的大脑从兴奋状态到睡眠状态，中间有一个过渡、缓冲的过程。建议大家在睡前让大脑放松 5 分钟，或者到户外

慢跑 5 分钟，使大脑放松下来。如果不爱运动的话，可以洗一个热水澡，起到按摩全身的作用，就能睡得香、睡得踏实了。

3. 正确的睡觉姿势

睡觉时注意一些细节，可以帮助我们提升睡眠质量，比如睡觉的时候右侧卧，保证睡衣宽松而柔软，被子不要盖得过厚等。另外，不要蒙头睡觉，把头蒙在被子里，被子里的二氧化碳浓度会不断增加，导致大脑供氧不足，长时间吸进污浊的空气，不仅会降低睡眠质量，还会损伤大脑。

4. 随时补觉

如果晚上睡眠时间不够充足，可以在其他碎片时间快速补觉，将缺失的睡眠补回来。比如，通过午睡的方式进行补觉，午睡的时间不宜太长，10 分钟到半小时即可。不要小瞧这一点时间，中午睡 10 分钟相当于晚上半小时甚至一小时的深度睡眠，能让你在下午保持充沛的精力。

另外，在课间或其他间隙，也可以采取打盹的方式来补充睡眠，让自己的大脑时刻处于最佳状态。

【作者有话说】

睡眠，能使身体各个器官得到休息，有助于恢复它们的功能，为高效学习提供条件。对正处于生长发育期的中小学生来说，睡眠还有助于长高。据研究，人的生长速度在熟睡时要比醒着快三倍。

适量运动让身心更健康

世界卫生组织 2020 年 11 月 25 日发布了《关于身体活动和久坐行为指南》对于青少年（5～17 岁）的运动建议：

第一，一周内应平均每天至少进行 60 分钟中等到高强度的体育活动，主要是有氧运动。

第二，每周至少进行 3 天高强度的有氧运动，以及加强肌肉和骨骼方面的运动。

按照这个标准，当下的青少年极少有人能够达标，甚至有 10% 的青少年从不锻炼。

为什么当下的青少年会存在运动量不足的情况呢？不少受访者提到，因为平时学业繁重，所以他们只能减少体育活动的时间。而且在学业压力下，原本就不多的体育课还会经常被占用。

从身心健康的角度来看，体育运动和锻炼是最不应该被舍掉的。

脑科学的研究表明，运动有助于神经元之间的连接，促进神经纤维的增长，形成一个强大的大脑。运动还有助于肌肉和神经系统的发育，让我们变得强壮，而个子高、身体壮，就会给我们带来自信。再加上运动场上飞奔的矫健的步伐，引来不少观众的目光，让我们感到自己仿佛站在聚光灯下，极大地满足了自尊需求。

运动还能促进我们的大脑分泌多巴胺和内啡肽。这两种神经递质可以让我们感到快乐和兴奋，增强抵抗力，缓解紧张的学习生活所带来的焦虑和抑郁情绪。

【情景故事】

小琦已经 13 岁了，从 5 岁开始，他就被爸爸带着有意识地锻炼身体，一直到现在，他都保持着每周踢 4 小时足球的运动习惯。

长期有规律的体育活动，给小琦各方面都带来了积极的变化。一年级入学时，他的身高跟同班同学差不多，现在已经高出其他同学一头了。有些家长羡慕地说："经常锻炼就是不一样呀，看小琦的个头多高。"

运动除了带来明显的身体上的变化，也对小琦的心理健康成长起到了积极的作用。

在踢球的过程中，不断奔跑会导致大量出汗，同时压力也能得到很好的释放。每次踢完球，小琦晚上的睡眠质量都非常好，身心也得到了很好的放松。

足球是一项团队运动，在运动过程中，无形中也锻炼了小琦的社交能力，让他交到了很多同样热爱运动的好朋友。小琦的爸爸表示："这非常有助于缓解孩子的心理压力。"

除了固定时间的足球训练，每天放学后，小琦的爸爸还会要求小琦去操场或小区内的运动场地活动一番，长时间保持规律的体育锻炼，使小琦整个人看起来阳光又自信。

小琦的爸爸欣慰地说："孩子现在处于小升初的关键阶段，他们班上很多同学都因压力大出现了焦虑、失眠的情况，但小琦通过运动较好地缓解了紧张的情绪。未来，希望他能保持住这样的体育锻炼节奏。"

现代科学研究表明，青少年的体育运动可以直接影响其在学校的适应能力。一方面，青少年的学业压力大，更需要通过适量的体育锻炼来放松自己；另一方面，适量的体育锻炼可以帮助青少年更好地面对过重的学业压力。因此，进行适量的体育锻炼很有必要。

【行动指南】

如何通过适量运动来达到身心健康的目的呢？

1. 选择有氧运动

在所有的运动当中，有氧运动能促使大脑较好地发挥功能。从字面意义上讲，有氧运动能够让我们吸收更多的氧气。这里向大家介绍几种有氧运动：

第一，慢跑。属于中等强度运动，它可以促进神经细胞的连接，让大脑更强壮。对未成年人来讲，每天进行适量的慢跑是非常有意义的。

第二，快跑。属于高强度间歇性运动，它可以大幅提升人体肾上腺素的分泌量，会让肌肉变得更有力量，神经系统变得更强大。

第三，游泳。可以提高大脑对外界的反应能力。当水面达到心脏位置时，大脑中的血液流量会增加。

第四，骑车。它有利于促进血液循环，使大脑摄入更多氧气。骑车还能使人放松心情，促进大脑海马体细胞的生长。

第五，集体运动，如篮球、排球、足球等球类运动。它提高的不仅仅是身体素质，还有社交能力和团队合作能力等。在球类运动中进行的思考和判断，对大脑的发育非常有利。

2. 确保运动安全

运动是为了身心健康，所以要注意运动安全，尽量避免去做危险剧烈的运动。

第一，早起空腹不做剧烈运动。早上起来，身体的筋骨还没有完全舒展开，特别是早餐前的剧烈运动，可能会导致低血糖，对身体健康产生不利影响。

第二，注意及时补水。运动时出汗较多，会流失水分，要注意及时补水。在运动过程中饮水要做到少量多次（每次 20～30 毫升），尽量喝温水。运动过后，若能补充一定量的淡盐水更好，喝冰水的话，容易导致胃肠道痉挛。

第三，做好热身准备与拉伸运动。运动前，应做好热身准备，以便更好地进入锻炼状态；运动后，应进行拉伸运动，否则容易受伤。一旦运动中身体有不适感，应立即调整运动强度。若不适感加重，应立即停止运动。

第四，着装要舒适。运动时，着装要舒适（易吸汗），以运动装为佳。不宜穿得太过厚重，否则运动不便；也不宜穿得太薄，容易受风感冒。

【作者有话说】

　　运动是对自己最好的投资，适量的体育锻炼不仅能促进骨骼生长、强身健体，还能培养我们顽强拼搏的精神、团结合作的意识和健全的人格，同时也能较好地促进大脑功能的发挥和大脑神经的发育。

第六章

手机断舍离：
把手机当成工具，而不是当成玩具

手机成瘾：别让手机偷走你的梦想

一条短视频 3 秒内抓不住眼球，手指就会不由自主地滑向下一个。

无论遇到什么问题，手机一搜，立马就能得到答案。

一本书、一部影视剧，可以压缩成几十秒的视频供人们观赏。

…………

手机传递信息的最大特点是快反馈。通过看手机，我们不用努力、不用花钱、不用流汗，就能轻松获得愉悦感。

这种不费吹灰之力就能得到的快乐，成年人都难以抵抗，因此贪玩、自控力弱的未成年人更容易上瘾，沉溺其中。

但是，这种低成本的快乐，终归是短暂的，它不会给我们的成长带来任何积极的意义与价值，其危害却是深远的。

普林斯顿大学心理学博士亚当·奥尔特说："游戏、八卦、直播等娱乐产品，就像毒品，一不留神就能让人上瘾，难以戒除。"

手机成瘾，是指个体因使用手机而行为失控，导致其生理、心理和社会功能明显受损的一种痴迷状态，对人的生理和心理危害极大。

【情景故事】

浙江少年小勇，暑假期间每天在游戏中放纵自己，经常五六个小时一动不动。一天，小勇在饭桌前突然感觉不对劲，手哆嗦着拿不稳筷子，头痛欲裂，看东西也是天旋地转的。随后入院就诊，头颅 CT 和核磁共振检查提示：右侧小脑发生了急性梗死。

一名 9 岁男孩常常躺着玩手机，一玩就是几小时，后来开始低热、呕吐，左腿变得又粗又黑，不能走路。经检查，竟是因长时间玩手机保持一个姿势不动，导致下肢静脉形成大量血栓，血栓脱落后进入肺动脉，致使肺部血管堵塞。

一名 13 岁的男孩，长期跟爷爷奶奶一起生活，他特别喜欢玩手机，经常一玩就到半夜，作息特别不规律。一天，这个男孩突然像疯了一样，在教室里一直用头去撞墙，几个老师都拉不住，他的脸还不停地抽搐。经医生诊断，孩子的主要病因就是：过度玩手机导致作息不规律，身体免疫系统出现混乱，从而患上了自身免疫性脑炎。

11 岁男孩沉溺于游戏，因担心被妈妈发现，就躲进被窝里玩游戏，直到有一天孩子突然说眼睛疼，睁不开，到医院检查后发现，是严重的睑板腺功能障碍导致的干眼症。

河南郑州一名高三女生因玩手机被老师没收后，一时没能控制住情绪，竟然从教室窗户跳下，摔成重伤。

手机给未成年人带来的危害，触目惊心。

未成年人的身体尚未发育成熟，若长期沉溺于手机，会给身体发育造成严重危害，比如对视力、皮肤、大脑神经、注意力、睡眠、生长发育等造成负面影响。

同时，沉溺于手机的孩子，会大大减少同外界接触的时间与机会，这在很大程度上会影响他们的社交与沟通能力。据《中国青年报》2022 年统计，有超过 80% 的大学生，自认为存在社恐问题，中小学生也存在同样的问题。

一心扑在手机上，还会让人滋生孤独感和自卑感，容易焦虑和抑郁，厌学情绪也比较突出。长期沉溺于虚拟世界的人，会对现实中的学习和生活失去兴趣。

【 行动指南 】

你是否也手机成瘾呢？可以测试一下。因为认识到问题，是解决问题的第一步。

你要有壮士断腕的决心来应对手机成瘾的问题。你可以通过下面的小测试，判断自己手机成瘾的严重程度（见下表）。

序号	问题	得分
1	你玩手机会超时吗？	
2	你会放下作业去玩手机吗？	
3	你对手机的期待会胜过对现实中人际关系的期待吗？	
4	你是否因玩手机而被家长指责？	
5	你是否因玩手机而影响睡眠？	
6	你是否因玩手机而上学迟到、早退、请假？	
7	玩手机是否导致了你的成绩下降？	
8	对于玩手机的情况，你会对家长、老师隐瞒吗？	
9	你会通过手机寻求社交或情感安慰吗？	
10	你是否会认为"没有手机，生活就没有意义"？	
11	有人打断你玩手机，你会愤怒吗？	
12	你是否在放下手机时，仍对手机里的内容念念不忘？	
13	你会因玩手机而拒绝外出吗？	
14	你是否因玩手机而与家长发生冲突？	
15	玩手机对你的健康状况是否已经产生了影响？	
16	你是否和同学一起玩游戏？	
17	如果没有手机，你会心神不宁吗？	
18	你会结交网络游戏中的朋友吗？	
19	你是否因玩手机而变得情绪暴躁？	

续表

序号	问题	得分
20	你是否因玩手机而被老师批评？	

评分：以上问题，如果从来没有，得 1 分；偶尔有，得 2 分；经常有，得 3 分；大部分情况是这样，得 4 分；总是这样，得 5 分。你也可以根据问题的严重程度来计分，越严重的，得分越高。

成瘾指数判断：

将以上 20 道题的分数加起来，你所得到的总分就是你的手机成瘾指数。

1. 正常情况：20～49 分。虽然偶尔玩手机，但还没上瘾，具有较强的自控力。

2. 警示情况：50～79 分。手机依赖情况较为严重，尽管还没有到非常严重的地步，但足以引起重视和警觉，要积极做出改变。

3. 危险情况：80～100 分。你已经手机成瘾，情况非常危险，需要好好反省，找出成瘾的根源，果断采取措施进行戒断。

【作者有话说】

知乎上有个提问："有哪些东西，孩子千万不能碰？"

一个高赞的回答这样说："孩子千万不能碰的东西之一，就是能获得短暂快感的东西。"

而手机就是这样一个能让人获得短暂快感的东西，里面有各种各样的内容可以让人获得短期的满足。它会像鸦片一样吸走我们的活力，偷走我们的梦想。因此，我们一定要合理使用手机，避免手机成瘾。

学会这几招，对手机进行断舍离

有人说："想要毁掉一个孩子，只需给他一部手机。"

事实上，任何问题都有两面性，手机也不例外。它给我们的生活带来了许多便利，是加强彼此联系的工具，也是我们获取信息的重要渠道。然而，手机也是一把双刃剑，运用得当，它会成为我们学习和生活的工具；使用不当，它会让我们沉溺于网络和虚拟世界，无法自拔，丧失自我，偏离人生轨道。

有位社会学家曾忧心忡忡地表示："我很害怕以后的世界，将会是一个可怕的两极分化的世界。一小批四肢发达、头脑复杂、家世显赫、出身名校的超级精英，像圈养肥猪一样，统治一大群懒惰肥胖，肢体孱弱，空余时间都沉溺在虚拟世界里空虚度日的麻木御宅族。只要精英们乐意，随时可以让他们变成炮灰。"

这番话让人细思极恐，相信你肯定不愿意自己的未来是一个被人圈养的"行尸走肉"。

那么，从当下开始，就同手机做一次断舍离吧。

【 情景故事 】

梓涵是一名初一的学生，暑假开始后，他被忙于工作的父母送回了农村老家，由爷爷奶奶照看。

从回到老家的那刻起，梓涵就开始放飞自我，他的一天是这样安排的——

8:00　睁开眼，拿出手机，先刷刷微信和朋友圈，看有没有新的消息。然后，打开游戏 App，先领奖，再看看有什么活动。

9:00　终于起床了（主要是憋不住了，需要上厕所），奶奶早已准备好了早餐，于是一边吃饭，一边看短视频。

9:30　吃完早餐，开始进入游戏世界。

11:00　在爷爷的一再催促下，终于不情愿地退出了游戏，掏出了课本，象征性地看了一会儿。

12:00　开始吃午饭，吃完饭计划下午学习一会儿。光吃饭多没劲，继续刷手机，看短视频。

13:00　开始午睡，但事实上是以午睡之名跟同学进行网络聊天，顺便发发朋友圈，给好友的朋友圈点点赞。

14:00　终于"睡"醒了，开始做作业。"哎，这道题貌似不会做。"用手机查一下答案吧，结果一打开手机不要紧，各种提示消息接踵而至。算了，先处理一下手机里的消息吧。网上的奇葩事件真多，看不完，根本看不完……

19:30　吃过晚饭，洗个澡，感觉好累呀，玩一把游戏放松一下。

21:00　终于有点儿困意了，正好手机电量也快耗完了，梓涵不情愿地放下手机，并暗自下决心明天一定好好学习，还没想好第二天的学习计划，极度疲惫的他就已经进入了梦乡。

怎么样，这样的假期生活熟悉吗？是不是跟你的假期安排如出一辙？

【行动指南】

对于手机成瘾和手机依赖的危害，我们已经有了初步的认识，它会对我们的学习、健康、亲子关系和生活质量产生极大的负面影响。了解这些危害，是我们对手机进行断舍离的基础，然后再借助一些行之有效的方法，就可以对手机进行断舍离了。

1. 设定闹钟提醒

使用手机时，提前定好时间，并设定闹钟，闹钟一响，立即停止使用手机。

2. 约定使用时段

将使用手机的时间限定在每天固定的时间段内，比如放学后，或者周末、假期的特定时段等。在其他时间里，尽量与家人、朋友进行线下的交流互动，多参加户外活动，丰富自己的生活。

3. 转移注意力

通过培养兴趣爱好，比如阅读、绘画、运动等，寻找可以替代手机的物品，比如书籍、音乐、手工制作等，来充实自己的精神世界，转移注意力，减少对手机的依赖。

4. 手机"三不带"

所谓"三不带"，即手机不带上餐桌，一边吃饭一边看手机会影响肠胃的消化功能；手机不带进卫生间，如厕时间久了会患上肛肠疾病；手机不带进卧室，尤其是床上，否则，很容易影响视力和睡眠质量。这样就可以做到在最容易产生手机依赖的两个时段——睡前和早上醒来，实现对手机的戒断。

5. 卸载娱乐软件

当前的一些短视频平台，会通过算法推荐机制，根据用户的兴趣进行内容的精准推送，对自制力不强的未成年人来说，很容易浸淫其中，难以自拔。因此，应尽快卸载这些娱乐类、游戏类 App，最好是在家长的监督下进行。

6. 关闭消息提醒功能

自制力差的人总是被时不时弹出来的手机消息所干扰，因此关闭消息提醒功能是个不错的方法。它会让我们的手机瞬间变得安静，让我们更加专注地学习，有助于提高学习效率和专注力。

7. 主动让家长监督

有时，仅凭我们的自制力，很难对手机真正做到断舍离。如果你真的希望戒掉手机瘾，就要勇于引入监督机制，让家长来监督自己的手机使用情况。

【作者有话说】

很多让你获得短暂快乐的事情，最终都会让你痛苦；而那些让你当下痛苦的事情，却能让你成长。

刷手机、玩游戏很快乐，但最终你会一无所获。写作业很痛苦，却可以帮助你巩固知识；背单词很痛苦，却可以提高你的英语成绩；锻炼身体很痛苦，却能让你收获健康的体魄，一生受益。

至于如何抉择，相信你会做出正确的判断。

玩游戏真的会上瘾吗？

2019年5月，世界卫生组织正式将"游戏障碍"列入精神心理类疾病及《国际疾病分类》（ICD-11），因此游戏成瘾不再仅仅是一种不良的行为习惯，更是与糖尿病、高血压、抑郁症等一样，成为有明确临床诊断标准的疾病。

游戏障碍，是指一种持续或反复使用电子或视频游戏的行为模式，表现为游戏行为失控，游戏成为生活中的优先行为，不顾不良后果继续游戏行为，并持续较长时间。

扪心自问一下，你存在游戏障碍吗？你知道游戏为何会让人上瘾吗？

游戏会刺激大脑分泌多巴胺，这是一种使人感到愉快的东西。多巴胺的反复分泌，还会起到强化行为的作用，促使青少年沉溺于游戏无法自拔。

加之青少年未形成稳定的三观，对新鲜事物的探究欲望强烈以及自控力不强，导致其成为网瘾的高发人群。

尤其是中学生，最容易出现游戏成瘾的情况，其集中爆发期为寒暑假，一个假期的沉溺足以导致他们对游戏上瘾。

【情景故事】

往年，一进入假期，张女士与儿子之间就会因网络游戏而进入漫长的拉锯战。今年暑假，眼看儿子马上就要升入初三，张女士夫妇二人计划带儿子进行一次为期 10 天的自驾游。一是为了让儿子度过一个快乐的假期；二是想通过旅行来转移儿子的注意力，从网络游戏中挣脱出来。

起初，儿子对路上的事情和景物，还有一些新鲜感和好奇心，但很快他的注意力就被网络游戏拉回到了虚拟世界，在车上，只要不睡觉，就一直玩游戏。

晚上到了酒店，也是边充电边玩游戏到很晚。原本设计好的第二天出行计划，也因儿子的懒床而被一再推迟、改变，就算勉强跟着去了景区，他也是无精打采，闷闷不乐的。弄得张女士夫妇二人非常无奈，张女士说："出行 10 天，儿子的手机就没离过手，哪怕是 5 分钟、10 分钟，也要先玩一把游戏。早知道他这样疯狂玩游戏，还不如不出门呢！"

对于沉溺于游戏的孩子，很多家长忧心如焚，却又无可奈何。当孩子深陷游戏尤其是网络游戏的旋涡时，眼里和心里只有游戏，甚至没有家长。

【行动指南】

对照一下，你是否有同类情形，是否已经游戏成瘾？

临床上，判断是否为病理性游戏行为，有两个重要特征：

第一，游戏成瘾者不仅仅是花大量时间和精力玩游戏，更重要的是，他们忽略了现实世界，无法再承担以往的社会角色，也不再参与社会生活。

第二，他们丧失了对自我行为的控制，让游戏完全支配自己的生活。

游戏成瘾的过程可以分为四个阶段：

第一阶段，虽然喜欢玩游戏，但还能坚持学习，只是成绩开始下降。

第二阶段，逐渐上瘾，并且有些失控，成绩明显下降，勉强能坚持学习。

第三阶段，出现沉溺于游戏的现象，严重影响睡眠和学习，成绩严重下降。

第四阶段，深陷游戏世界，根本不学习，且不与外界和朋友交往。

不论游戏成瘾发展到了哪个阶段，我们都应及时对游戏进行断舍离，继续沉溺于游戏，只会让父母痛心，毁了自己的学业和生活。

1. 认知觉醒

游戏的危害已经无须再多说，甚至比单纯的手机上瘾危害还要大。想象一下，你玩游戏是为了短暂的放松和快感，但事实上，绝大多数父母对孩子玩游戏的行为都不会听之任之，他们会采取各种措施进行干预，比如说教、打骂、断网、没收手机等，双方之间围绕游戏会展开漫长的拉锯战。这种状态下，扪心自问，你真的能玩得开心吗？

所以，解铃还须系铃人，要做到对游戏的断舍离，首先来自你的认知觉醒。

2. 戒掉游戏

下定决心，彻底删除游戏客户端，这是戒掉游戏最直接也是最根本的方法。或者忍痛割爱，把游戏账号卖掉或者送人，再决绝一点的方法就是毁掉游戏里所有的稀有道具。

3. 离开游戏好友

近朱者赤，近墨者黑。远离那些天天拉着你去玩游戏的人，远离在游戏中结识的人。

4.转移注意力

找到其他更有意义和价值的事情，转移注意力。比如，走出户外，多培养一些业余爱好。给自己设定一个目标，有目标就有奋斗的动力，自然就会逐渐远离游戏。

【作者有话说】

能否戒掉游戏，取决于你有多大决心，取决于你有多强的自控力。

网络时代，重塑自己的自控力

为什么人会沉溺于手机和游戏？归根结底就是自控力比较差，越小的孩子自控力往往越弱。随着年龄的增长，自控力会不断增强。

对手机进行断舍离，最根本的解决之道是从提升自控力入手。

所谓自控力，就是自律能力。自律是指人对自己的行为、思想、情绪等进行控制和管理，使之符合一定的目标和规范。

自律意味着你必须有所舍弃，不能全部都要。比如，你想要保持完美的体型，就必须和垃圾食品说再见；你想要提高自己的成绩，就必须花更多的时间去学习和练习；你想要养成良好的学习和生活习惯，就必须克服手机成瘾，从虚拟世界中走出来。

看看那些卓有成效的杰出人士，他们之所以取得成就，不排除有先天的成分，但更多的是他们后天的自律与自我控制。

【情景故事】

村上春树，每天坚持一小时长跑，多少年如一日，风雨无阻。对于这种坚持，强身健体只是一方面的原因，他锻炼的其实是自己的耐力。

苏炳添是短跑冠军，他的成功和自律密不可分。苏炳添一直保持着良好的生活习惯，即便逢年过节，他也不会喝酒、抽烟，严格控制自己的饮食。他每天晚上 10 点就会睡觉，当清晨别人还在睡觉时，苏炳添已经来到田径场开始训练了。就像苏炳添自己说的"如果我连自己都控制不了，那还谈什么成功"。

球星 C 罗也是一个典型的自律者，他对自己的身体、球技、心态等方面都有严格的要求和规划，每天都会进行高强度的体能训练。他会对着球门练习射门成百上千次，以找到最佳的位置和角度。他严格保持着规律的饮食习惯，拒绝任何对健康不利的食物，以保持低体脂率和高肌肉含量。他曾经在 Instagram 上写下一句话："Nothing worth having comes easy.（值得拥有的东西，全都来之不易。）"

每一个能够长期坚持某些习惯，在某些方面保持高度自律，具备很强的自控力的人，都值得我们尊敬，也值得我们学习。

【 行动指南 】

对于那些已经手机成瘾、游戏成瘾的小伙伴，一些寻常的方法和说教，效果不大，他们需要从训练脑前额叶、提升能量级、提高自律能力等方面来改变自己。

1. 训练脑前额叶

脑前额叶主要负责我们的记忆、判断、分析、思考和操作功能。如果脑前额叶不够发达或受到了损害，就会出现注意力障碍、情绪化和执行障碍。

从生理结构上看，前额叶被分成三个区域，这三个区域分别负责"我要做""我不要""我想要"（见下图）。

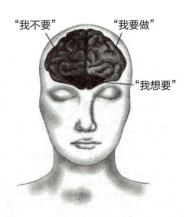

"我想要"，即我们内心深处的长远目标，是我们真正想要去实现的东西。

"我不要"，即那些阻碍目标实现的诱惑，它们只能带来短暂的快感和满足感，而无助于长远目标的实现。

"我要做"，即积极行动的力量。

如果能将以上三个方面的力量予以增强，前额叶的功能就会得到强化，我们就能拥有更强的自控力，用来抵抗手机和游戏的诱惑，专心于长远目标。

下面是一些增强前额叶功能的方法：

第一，强化"我不要"的力量。试着在日常生活中养成一些习惯，比如，让不常用的手多做一些日常活动，如吃饭和开门等。

第二，强化"我想要"的力量。每天去做一些积极的有意义的事情，养成积极行动的好习惯，不为自己找借口。同时，还可以通过 5 分钟冥想的方法来增强该力量。

2. 提升能量级

能量级是衡量人的成就的一项关键指标。美国著名心理学家大卫·霍金斯在《意念力：激发你的潜在力量》一书中写道："人类各种不同的意识层次都有其相对应的能量指数，人的身体会随着精神状况的不同而有强弱的起伏。"

简单而言，人的心境会影响人的能量级。而能量级，是决定一个人是成功者还是普通人的关键因素。

如何提升能量级、强化意志力，并改善人的心境呢？

一个行之有效的方法就是冥想，目前有很多成功人士都很推崇冥想这一方法，乔布斯生前就很擅长冥想。

冥想的方法很简单，坐在地上或椅子上，闭上眼睛，将注意力集中到呼吸上，尽量不要思考任何问题。每天做 15 分钟，坚持下去，有助于排除杂念，专注于自己的目标。

3. 提高自律能力

自律，不是一件容易的事，尤其是前期。不过，当你突破自律的瓶颈之后，就会发现其后面有一片广阔的天地。

所有的自律，不论是让自己保持良好的学习和作息习惯，还是让自己对手机进行断舍离，都会经历以下几个过程：

（1）兴奋期。在好奇心的驱使下，对某件事（如对手机的断舍离）往往会保持"三分钟热度"，这个过程通常是兴奋的。

（2）乏味期。对某件事的坚持，经过一天两天、一周两周乃至更长时间，最初的新鲜感不再，取而代之的是枯燥与乏味，很多人会在这个阶段懈怠，甚至放弃。

（3）痛苦期。能够克服乏味期的枯燥，将某件事强行推进并坚持下去的，当数那些意志坚强之辈。这个坚持的过程，一定是痛苦的、煎熬的，是对当事人生理和心理上的双重考验。很多人会在这个阶段陷入"最后一公里"的困局，心理和生理遭受双重折磨，最后选择"投降"。

（4）享受期。当你真正突破了"最后一公里"的瓶颈，从量变到质变的跨越就会发生。这个坚持的过程会给你带来无穷的正能量，你的心态、心境也会彻底改变，之后，你将跨入自由王国。

自律的最高境界就是实现个人的时间自由、事务自由、精神自由，将精力和时间真正投注在自己感兴趣的事情上。

【作者有话说】

每一件新工具的产生，都会给人类带来极大的挑战，但是历史证明：人类始终是工具的主人，而工具则会成为人类使用的对象。因此，我们要掌控手机，让手机成为我们学习和进步的工具，而不是被手机控制。

第七章

独立思维：
在心理上及时"断乳"

在心理上"断乳"，培养独立人格

未成年人在成长过程中，要经过两个"断乳期"：

第一次发生在幼儿期（2～3岁），是生理上的断乳期。

第二次发生在青春期到青年初期（12～17岁），是心理上的断乳期，又称"心理断乳期"。

"心理断乳"这个概念由霍林沃斯于1928年在《青年心理学》中首次提出，是孩子在成长发育过程中要求摆脱父母或者其他监护人的监护而形成独立人格的过程。相对于"生理断乳"，"心理断乳"常发生于青春期。

未成年人两个断乳期的共同特点表现在，他们既依赖抚养者，又对抗抚养者。后者由于处于青春期和叛逆期，拥有更多的独立思维和自主意识，不仅生理上发生了变化，心理上也悄然地发生了变化。孩子的自我意识觉醒，渴望独立，因此脱离父母管控的欲望比之前要强烈得多，对抗手段也更令家长困惑和头疼。

处在心理断乳期的孩子特别渴望独立，希望父母不要把自己当小孩子看待。但这个阶段的孩子还不能完全摆脱对父母的依赖，由于自控力比较缺乏，常常会无意识地做出一些在旁人看来比较极端的行为，显得和周遭世界格格不入。

【情景故事】

李女士最近很焦虑，原本很听话的儿子自从进入初二后，突然像变了一个人，不是单纯的叛逆，他表现出来的种种行为，让李女士很费解。

平时，父母跟他说什么话，他都会顶撞，有时干脆不搭理人。

一次，李女士主动向儿子提出："出来和妈妈聊会天，我们好久没有说话了，好不好？"

"和你聊什么天？我们三观不合，有代沟，根本聊不到一起去。"儿子不耐烦地说道。

还有一次，李女士的闺蜜来家里玩，她对孩子说："过来和阿姨打个招呼，你小的时候阿姨还抱过你呢！"孩子非常冷漠地说了一句"阿姨好"，然后扭头就回自己房间了。

学校老师也跟李女士反映她儿子现在脾气有点暴躁，跟同学发生一点小摩擦就大发雷霆。

吃饭的时候，李女士让他拿个东西，他不肯，李女士稍微抱怨两句，最后他竟然把筷子摔到父母面前，愤然离开。

说起儿子的变化，李女士是一脸的无奈和无助："读小学和初一的时候都很听我的话，成绩也不错，在班上排名前十。到了初二，就经常和我顶嘴，表现得非常叛逆、冷漠、自我，我要他干什么事情，还要看他的心情，成绩也倒退了很多。"

孩子进入青春期后，感觉自己不再是小孩子，而是大人了，独立活动的愿望变得越来越强烈。他们一方面想摆脱父母，想跟父母来一次"断舍离"，另一方面又必须依赖家庭，无法完全脱离父母，这就是心理断乳期的典型表现。

【行动指南】

进入心理断乳期后，我们和家长都不必太过焦虑，英国心理学家西尔维亚说过一句话："这个世界上，所有的爱都以聚合为最终目的，只有一种爱以分离为目的——那就是父母对孩子的爱。"

在这个过程中，我们需要理性对待心理断乳这一过程，同时要试着去培养自己的独立人格，实现真正意义上的长大。

1. 进行自我心理调节

心理断乳期的我们进行自我心理调节是很必要的，可以避免出现心理问题。

第一，接纳自我。加深对自我的了解，从身体、外表、心理上对自己有一个全面客观的认识，坦然地接受自我，减少心理冲突与内耗。

第二，建立良好的人际关系。成长的困惑，需要用良好的人际关系来消除。一方面，我们要构建良好的人际关系，寻求来自同学、朋友、伙伴、师长的帮助、理解与慰藉；另一方面，我们要重构家庭关系，对父母多一些体谅和理解，获得来自家庭的一如既往的支持，家庭永远是我们最坚实的后盾。

第三，正视挫折。任何人的人生都不是一帆风顺的。随着年龄的增长，我们会不断体会到各种失败、挫折和打击，要逐渐培养自己的抗挫能力，正视挫折，设法去战胜逆境。

第四，了解必要的生理卫生知识。心理断乳期最突出的变化是生殖器官发育成熟和出现性激素。随着生理上的急剧变化，我们会出现一系列复杂的情感体验和追求异性的需求。如果我们缺乏必要的生理卫生和性知识，会陷入前所未有的困惑中，甚至有可能误入歧途，对其他人造成伤害。因此，了解性知识，有助于我们正确对待和处理性方面可能出现的问题，如性困惑、性敏感、性幻想、性梦及性偏离等行为，也有助于我们尽快从心理断乳期走出来，遇见全新的自己。

2. 培养独立人格

独立人格，是指人的独立性、自主性、创造性。它要求人既不依赖任何外在的精神权威，也不依赖现实中的任何物质，而是能够独立拥有自主精神。对未成年人来说，在经济能力上还无法完全摆脱父母。

要想拥有独立人格，需要具备以下三种能力：

第一，自我认知的能力。能够清楚地知道自己是谁，对自己的兴趣和能力的边界有清晰的认知。

第二，接受反馈的能力。反馈包括正面反馈和负面反馈。如何对待这些反馈，尤其是负面反馈，是具有独立人格的重要表现。如果被表扬就很开心，被批评就很难过，这是情绪化面对反馈的表现之一，而具有独立人格的人，会冷静地对待所有的反馈。

第三，对抗挫折的能力。这是独立人格形成的重要前提，它可以让我们在面对挫折、逆境和困难的时候，能够正视挫折，不被逆境和困难吓倒，不会轻易地否定自己，积极地去面对、解决问题，即使遭遇失败，也能够重拾信心。

【作者有话说】

拥有独立人格的人，是内心充满力量的人。中学时代是独立人格形成的关键时期，此时我们的人格尚未定型，有较大的可塑性。因此，我们应该紧紧抓住这个窗口期，理性地与父母进行断舍离，培养自己的独立人格。

独立思考，做自己的"指挥官"

2020 年 4 月 19 日，中国科学院院士、西湖大学校长、结构生物学家施一公为中学生们上了"开学第一课"。课堂上，他分享了自己从事科学研究 30 年的人生思考，并送给中学生八个字——独立思考、尊重科学。

施一公希望中学生们学会独立思考，用独立的眼光审视世界。"没有独立，就很难有今后一点一点对社会的判断，对周围世界的认识。"

所谓独立思考，其实就是批判性思维。它指的是对事物或问题进行分析、推理、判断，形成自己的结论的思考能力。简单来说，就是不受周围其他人的影响，不人云亦云，不随波逐流，自己能够独立地、自主地思考问题、分析问题、判断问题并做出有关决策的能力。

在信息爆炸的时代，创新和变革每时每刻都在发生，固有的思维模式已经无法应对复杂多变的挑战。

会独立思考的人，在面对一个新信息、新知识时，他们首先要做的不是赞同或者反对，而是去探索知识的由来，大胆想象，谨慎验证，不断地质疑，不断地试错，无论在学习还是生活中，都能够拥有较强的适应能力和核心竞争力。

培养自己的独立思考能力是一种底层能力，这将决定我们在未来的道路上，是否能够越走越远。

【情景故事】

法国杰出的昆虫学家法布尔做过一个著名的"毛毛虫实验"，法布尔发现毛毛虫有一种独特的习惯，后面的毛毛虫喜欢盲目地跟随前面的毛毛虫爬行。法布尔便把一些毛毛虫以首尾相接的方式，让它们在一个花盆的边缘围成一圈，在花盆外面15厘米处撒了一些毛毛虫喜欢吃的松针。然而，毛毛虫对松针视而不见，只是围着花盆一圈又一圈地重复爬行，一小时过去了，一天过去了，毛毛虫还在不知疲倦地爬行，直到七天后，它们全都因疲惫和饥饿而死。

法布尔把毛毛虫的这种习惯称为"跟随者"习惯，他将因盲目跟随而导致失败的现象称为"毛毛虫效应"。法布尔在他的实验记录中写道："这些虫子至死没有越雷池一步。如果换一种思维方式，它们就能找到自己喜欢的食物，命运就会完全不同，真是死不足惜。"

毛毛虫只会盲从，根本没有独立思考和自主判断的能力。亚里士多德曾说过："人生最终的价值在于觉醒和思考的能力，而不只是生存。"人和动物最大的区别就在于人是具有独立思考能力的。

但现实中并不是每个人都真正具备独立思考能力，很多人喜欢盲从，也容易立场不坚定。因此，我们要避免成为这样的人，与从众思维进行断舍离，学会独立思考。

【行动指南】

要想学会独立思考，必须先培养自己的独立人格。要明白，在人格上我们与家长、老师都是平等的。只有人格平等，我们才能真正锻炼和发挥自己的独立思考能力。

1. 学会运用逻辑思考

每件事的发生都有一定的逻辑关系，我们不要只关注事情的表象，不要被外在所迷惑，而要善于运用自己的判断力，从逻辑层面去判断其合理性。

2. 具有批判性思维

批判性思维是指对他人或自己的观点、做法或思维过程进行评价、质疑、矫正，通过分析、比较、综合，进而达到对事物本质更加准确和全面认识的一种思维活动。

具有批判性思维的人善于提出问题、分析问题，寻找解决方案，形成自己的意见、做出决定、形成结论。

3. 多角度观察

对同一个问题、同一个事物，从不同角度去观察，就会呈现不同的样子，也会得到不同的答案。事情都有两面性，甚至多面性，我们所站的角度不同，看到的内容自然也就不同。有时，我们在解决问题的时候会走进一个死胡同，所以不妨换一个角度看问题，或许就能豁然开朗了。

4. 独立思考

所谓的独立思考，是指不受其他人言论的影响，能够根据现实情况做出自己独立的判断。自己认为什么是对的，便坚持自己的立场，而不是做墙头草，稍有风吹草动，就改变自己的立场和看法。

5. 敢于质疑

要想学会独立思考，最重要的一点是要学会解放思想，要有怀疑精神，不要被条条框框所束缚。

亚里士多德曾说过一句有名的话："吾爱吾师，吾更爱真理！"

据说，亚里士多德与老师柏拉图的争论一直持续到柏拉图去世，他一直在质疑中寻求真理。

作为未成年人，我们也要有独立思考的能力，要敢于质疑权威（如父母、老师等），才能实现跨越式的进步。

6. 善于分析和判断

这是一个信息爆炸的时代，也是一个充斥着大量碎片化信息的时代，各种信息鱼龙混杂，真假难辨。哪怕发布的渠道有一定的权威性，我们也要对信息有自己的判断。在接收信息时，我们要对自己所接收到的信息进行分析和辨别，去伪存真，小心求证，做出自己的判断。

【作者有话说】

"跟大部分人的观点一致"并不等同于"不会独立思考"，"跟大部分人的观点相悖"未必就是"独立思考"。独立思考是本着批判与实事求是的态度，进行思辨的过程，是经过观察、质疑、分析、总结、思考后得出自己的观点或结论。

不能用听话与否来评价孩子

"你这孩子太不省心，一点都不听话！"

"还是你家孩子教育得好，又乖又听话，真是让人羡慕呀！"

"你这孩子怎么就是不听话，叫你先洗手再吃饭，你看你，手上脏死了。"

"记住了！在学校要听老师的话，遵守纪律，跟同学友好相处。"

…………

这些说教性的话，我们听起来并不陌生，因为我们从小就被家长告知要乖乖听话，在家听父母的话，在学校听老师的话。

听话，真的是评价好孩子的标准吗？

德国心理学家海查，做过一个著名的实验：他找到 200 个 2～5 岁的孩子，其中 100 个孩子具有强烈的反抗意识，另外 100 个则没有这种意识。

海查一直将这些孩子跟踪观察到青年期，结果显示，长大后，具有反抗意识的孩子中有 84% 的人表现出了意志力强、有独立意识和主见、擅长自主决策等特质；而没有反抗意识的孩子中仅有 26% 的人意志比较坚定，其他人则在做决定时表现得优柔寡断，也不愿意独立承担责任。

听话的孩子在强势教育的影响下，往往没有反抗意识，他们总是压抑自己，失去自主性，没有选择的自由，不会表达自己的诉求，总是想着去迎合别人，忽略和压抑自己的感受，创造力被磨灭，长大后大多比较平庸。

有位名人在某次采访中曾直言："听话的孩子未必是好孩子，我们要让孩子学会在矛盾中解决问题，在冲突中解决问题。"

著名作家郑渊洁在《郑渊洁家庭教育课》一书中讲了一个自己女儿读国际学校时发生的故事，涉及的也是听话的问题，让我很受触动，这里分享给大家。

【情景故事】

当时北京有国际学校，有的国际学校招收一定比例的中国籍学生。于是，我将女儿从公立学校转到北京一所国际学校就读。

女儿在这所国际学校的一个经历，我记到了专门为女儿记录的教育日记里。

一天上课时，外籍班主任生病，临时由一位中国籍老师代课。

这位老师刚从一所公立名校到这所国际学校来教中文，那所公立名校每年轮换一位老师到这所国际学校教中文。

那所国际学校每个班十二名学生，上课时学生可以走动，可以去洗手间，可以喝水，可以交谈。

那位代课的老师不适应这样的课堂环境，她就对学生们说了一句话："学生要听老师的话。"

这十二名学生听了她这句话先是一愣，然后不约而同鱼贯而出跑向校长办公室，向校长投诉。

校长一听很吃惊，他说老师真的对你们说"学生要听老师的话"？

学生们都点头。

校长立即将那位临时代课的老师叫来，校长对那位老师说："对于教师，对学生说'学生要听老师的话'属于严重错误，学生身上最珍贵的品质，是敢于质疑老师，敢于和老师辩论。念你刚来学校，是初犯，给你一次改正的机会。"

郑渊洁对此事评价道：家长如果将"做个听话的好孩子"天天挂在嘴边，如此训导孩子，孩子将来就可能成为一个逆来顺受、人云亦云、没有主见的人。

【行动指南】

有研究表明，中国孩子往往自控力很好，但缺乏创造力，这恰恰是"听话式"教育带来的不良影响。

事实上，不能用听话与否来评价一个孩子。对于听不听话，听谁的话，我们要有自己的思考，有自己的判断。

1. 不能用听话与否来评价一个孩子

不可否认，家长让我们听话，肯定有一定的道理。听家长和老师的话，有助于我们从小培养规则意识，培养自律能力和底线思维，同时还能规避一些危险，学到一些必要的知识。但过分强调听话，就会抑制我们的独立思考能力和创造力。过分听话的孩子，习惯于家长和老师说什么，自己就做什么，没有任何自己的想法，言行举止乖巧得让人心疼，毫无自己的主见。

2. 不听话也不意味着故意对抗

听话的对立面是不听话，然而不听话并不意味着故意对抗，而是勇于提出问题、探索世界、表达自己的观点，并在犯错中成长。美国著名心理学家海姆·G.吉诺特曾说："他害怕自己成为一个无足轻重的人，成为别人的复制品，成为跟父母一样的人。他变得不听话，变得反叛，这么做并不是为了向父母挑战，而是为了体验自己的身份和自主。"

我们有时与父母进行断舍离，并不是单纯为了不听话而对抗，而是自主意识的崛起导致的，是对独立人格和自主身份的探索与尝试。

3. 什么才是好孩子？

《孩子四轮学习法》的作者赖森强教授认为，教育孩子只需要遵循三句话：告诉孩子大是大非，尊重他们的选择，给予尽力的辅助。

没错，只要我们三观正确，在大是大非上没有问题，本性善良，孝敬父母，懂得控制自己，有爱心，就是一个好孩子，而不是仅用听话与否来作为评判标准。

【 作者有话说 】

听话适用于生活和教育中的某些特定场景，但不应成为评价孩子的唯一标准。听话的孩子不一定是好孩子，而好孩子不一定都听话。

父母学会断舍离，孩子才能养成独立人格

父母由于担心孩子的安全，总是给予他们各种各样的限制，比如告诉孩子"这个不能碰""那个不能做"，这也不行，那也不行，孩子做什么，都要横插一杠子，让孩子无所适从。

著名教育学家蒙台梭利认为，孩子一出生，身体中就存在一个精神胚胎，其中藏有心灵成长的密码。孩子只有通过自己行动、感受和思考才能解开这个成长密码。

如果父母过度管控，就会限制孩子探索世界的好奇心和行动，妨碍他们打开成长的密码，与生俱来的好奇心就会被逐渐磨灭。

我们在成长的路上能否形成独立思维、独立意识、独立人格，学会独立思考，成为一个独立的个体，不仅取决于我们自身，也在很大程度上取决于家长的态度。如果家长不肯放手，不肯断舍离，那我们的"独立自主"之路将会异常艰难。

【情景故事】

电视剧《小欢喜》中展示了多对家庭关系，其中陶虹扮演的母亲宋倩和女儿英子的关系最让人揪心，很多人从中都看到了自己的影子。

宋倩原本是一名优秀的教师，表面上柔声细语，但骨子里是一个女强人，在家庭中非常强势，说一不二。

离婚后，宋倩将生活的重心全部放在了女儿英子身上，她挖空心思想的都是如何全方位地照顾好女儿，把她培养成才。为此甘愿做出一切牺牲，而这也在无形中给英子带来了很大的压力。

日常生活中，宋倩对英子有着严格的要求和限制，英子在外不能买任何零食，只能吃家里妈妈亲手做的饭菜。

英子平时该做什么，不该做什么，都要听从妈妈的安排，宋倩经常挂在

嘴边的话就是："英子，你可是妈妈的一切呀！"

在家，妈妈不让英子玩乐高，为了偷玩，英子不得不偷偷跑到爸爸那里。英子从小的梦想是去国家航天局工作，她在为这个目标暗自奋斗，认为只有这样，学习才有意义。宋倩则认为这种爱好对高考没有任何帮助，于是粗暴地否定了英子的理想。

高三那一年，由于临近高考，宋倩对英子的控制几乎达到了疯狂的程度，英子卧室的墙壁被她改造成了透明玻璃墙，她还在客厅的那一面墙上装了百叶窗，方便随时监控女儿的动态，英子失去了最后一点个人空间。

在距离高考还有二百七十八天的时候，宋倩给英子做了一个密密麻麻的时间计划表，让英子按计划复习。

高考后，英子打算根据自己的兴趣报考南京大学天文系，圆了自己的梦想，宋倩则坚决反对，强烈要求英子报考北京大学或清华大学。为此，母女二人的矛盾愈演愈烈，根本没有办法进行心平气和的交流。见沟通无效，宋倩便私下偷偷改了女儿的高考志愿。

英子得知真相后，崩溃到要去跳河……

你若看过这段剧情，是不是也有一种要窒息的感觉？

【 行动指南 】

都说教育是一场修行，随着孩子渐渐长大，有些父母会识趣地抽身而出，而有些父母则深陷其中，难以自拔，无法接受孩子脱离自己的掌控。

如果你的父母也是这种强掌控型的家长，那么已经初步觉醒且有了自主意识的你，有必要跟家长来一场开诚布公的谈话，或许称之为"谈判"更合适，让他们认识到：是时候进行断舍离了。

父母对孩子的断舍离主要体现在以下几个方面：

1. 不要对孩子过度控制

凡事过犹不及，对孩子的管控亦是如此。随着孩子年龄的增长、心智的成熟和自立能力的增强，家长应不断放松管控，让孩子自己去探索、试错，去培养独立人格。

在蒙台梭利提出的儿童成长的自然定律中，有一条关于独立性的定律："儿童通过自立获得身体的独立，通过自由地使用其选择能力获得意志上的独立，通过没有干扰的独立工作获得思想上的独立。"

孩子要成长为一个具有独立人格的人，必须有一个自己做主的过程，拥有自己做主的自由，家长要清醒地意识到这一点，学会放手。

2. 不要对孩子过度关心

对于逐渐长大，尤其是进入青春期的孩子，家长只需在背后默默做好后盾即可，过多的关心反而会招致孩子的反感。

家长要避免毫无界限地大包大揽，黎巴嫩诗人纪伯伦的一首关于孩子的诗里这样写道："你的孩子，并不是你的孩子，他们是生命对于自身渴望而诞生的孩子。他们借助你来到这个世界，却非因你而来，他们陪伴你，却并不属于你。你可以给予他们爱，却不能给予他们思想，因为他们有自己的思想……"

只有父母真正将孩子当作具有独立人格和思想的个体，才能以平等的姿态，克制对孩子过度关心的冲动；只有让他们独自面对这个世界的风雨，他们才能更快成长。

3. 放下执念，保持一定的距离

家庭教育的终极目标之一，是让孩子和父母实现成功分离，使之成为一个人格独立且自信的个体。家长要学会放下执念，保持一定的距离，给孩子自由发挥的空间。这里的空间，既包括物理上的独立空间，也包括精神上的自由空间。

　　孩子是个独立的个体，他们有自己的思想，家长要允许他们和自己不一样，允许他们有自己的独立意识和独立思想。

【作者有话说】

　　德国哲学家康德说过："所谓自由，不是随心所欲，而是自我主宰。"好的亲子关系，一定要学会断舍离，让孩子成为自我主宰的强者。

　　卸下孩子身心上的重负，让他们独立选择人生的方向，这是"断"。

　　放下心中的执念，帮助孩子成为最好的自己，这是"舍"。

　　解放孩子的"手脚"，让他们有机会在风雨中锤炼自我，这是"离"。

第八章

走出舒适区：
你才能遇见更好的自己

所有的成长，都是从走出舒适区开始的

舒适区指的是一种心理状态，最早由思想家朱迪思·巴德威克提出，是一种中立状况下的行为状态。在舒适区，我们会感到舒适，没有风险，能够掌控环境，不会受到伤害。

在心理学上，我们所处的区域可以分为三种：舒适区、学习区、恐慌区。

从人的感受来讲，舒适区最让人舒服、愉悦。在舒适区内，一切都尽在掌握中，轻车熟路。一旦离开这种环境，人就会感觉无所适从，手足无措，非常难受。

每个人都有属于自己的舒适区。

通俗来说，就是那些我们非常熟悉的环境，那些做起来得心应手的事情。

但一直处在舒适区会让我们止步不前，待在一个小圈子里，容易形成定

式思维。

世界级潜能开发专家托尼·罗宾斯说："所有的成长，都是从走出舒适区开始的。"

要想获得成长，我们就要勇于走出舒适区，去挑战学习区和恐慌区。

【情景故事】

黄子晴是 2019 年北京高考理科状元，高考总分是 721 分，其中 10 分为加分，裸分 711 分（语文 128 分、数学 148 分、英语 141 分、理综 294 分）。

黄子晴的优势在于理科，高中前两年一直名列前茅，学有余力之时，她还积极参加数学竞赛和竞赛集训。但文科成绩一直有起伏，偏科现象比较严重，主要弱势科目是语文和英语。

对于偏科问题，有的同学望而生畏，有的担心那些不擅长的科目会将自己的优势科目拖下水。黄子晴则选择积极应对，主动走出舒适区，在自己的弱势科目上投入了大量时间和精力。为了让作文过关，她经常将一篇作文反复修改五六稿。

高考中，黄子晴取得了语文 128 分、英语 141 分的优秀成绩，偏科问题不复存在。

认识到自己的不足，并大胆地走出舒适区，去面对困难，想办法解决，会让我们变得更加强大。

【行动指南】

在舒适区，我们会感到得心应手，感到舒适。每天处在熟悉的环境中，做着在行的事，接触着熟悉的人，一切都很舒适。但是学到的东西很少，进步缓慢，而一旦跳出这个区域，面对不熟悉的环境和变化，你可能会觉得有压力，无所适从。

走出舒适区，是提升自己的第一步。

首先，要远离物理上的舒适区。

举个例子，在家里学习之所以效果不好，原因是家是一个不利于学习的舒适区。在家里，看见床就想躺上去，看见沙发就想坐上去，看见遥控器就想打开电视，看见冰箱就想去拿零食吃。如果要想学习，首先要摆脱这种舒适的环境，去学校、图书馆，起码也要到书房或自己的书桌前去学习。

其次，要远离心理上的舒适区。

如果你想要生活充满新鲜感，想要自己的学习有更大的突破，就要勇于走出心理上的舒适区，不满足于现状，大胆突破障碍，挑战学习区和恐慌区，扩大自己的舒适区。

在这个过程中，你要不断地问自己几个问题：

（1）你的舒适区之外有什么？

（2）舒适区之外有什么让你恐惧的东西？

（3）你有没有信心去挑战它们？

（4）你打算如何克服这些恐惧？

【作者有话说】

不要试图快速跳出舒适区，那样只会让你产生恐惧，你需要一步步地克服自己的心理障碍，一步步地战胜自己的心理恐惧，小步尝试，不断试错，逐渐从舒适区跳到学习区、恐慌区，扩大舒适区的范围。那么，接下来会有更大的学习区等着你去挑战，周而复始，一步步地成长。

试着改变行为习惯和思维习惯

舒适区是一种状态，它可以是身体上的，也可以是心理上的。身体上的舒适区，比如，我们习惯去某个地方玩、习惯去学校餐厅的某个窗口就餐；心理上的舒适区，主要表现为避免参加具有挑战性的活动。

由此，这两种舒适区就形成了两种习惯：行为习惯和思维习惯。行为习惯，比如按部就班的回家路线和用餐习惯，而思维习惯则可能是按照自己熟悉的价值观和方法论，去处理自己遇到的任何情况。

我们要想走出舒适区，可以试着从改变行为习惯和思维习惯开始。

改变的重要前提是，避免给自己设置各种条条框框，避免自我设限。

自我设限思维会让我们对自己能力的评估有所保留，习惯低估自己，觉得自己没有能力很好地完成某件事情。这种思维会让我们很难走出舒适区。

【情景故事】

2012 年，有专家就自我设限问题对行动力的影响进行了实验。实验对象为高中生，参与实验的学生即将面临一场物理考试，他们被分成了两组。第一组被要求用一些肯定的句式来描述自己将如何准备这场考试，比如"如果我在考试前认真复习功课，就一定能取得更好的成绩。"第二组则被要求写一个中性的陈述句，说明自己打算如何做好考试准备。

写完之后，学生们进入了考试准备阶段。

结果发现，第一组学生用在考试准备上的时间比第二组要长两个多小时。第一组学生没有对自己设限，他们为了取得更好的成绩，愿意付出更多的努力。第二组学生则进行了自我设限，他们对自己的能力和成绩不确定，也不知道自己接下来要做些什么，因此在准备考试时浪费了一些时间。

自我设限，其实就是在自己心里默设了一个高度，这一心理高度常常暗示自己：面对这么多困难，我不可能做到，也无法做到，因此干脆不去行动。

当我们想要改变自己的行为习惯和思维习惯时，不要以怀疑的态度去自我设限，而应当以开放的心态暗示自己能够做得更好，以更积极的态度进行破圈。

【行动指南】

走出舒适区，不仅要积极改变自己的行为习惯，还要积极改变思维习惯，避免自我设限，大胆探索未知。

我们之所以不敢走出舒适区，原因就在于我们对未知和未来不确定性的恐惧，未来不确定性带给我们的恐惧主要有三点：

第一，对潜在损失的担忧。

第二，对失去当前舒适区的顾虑。

第三，对错失更好选择的遗憾。

担忧和顾虑会阻挡我们前进的步伐，阻挡我们对未知的探索。

从懵懂无知到步入学校，从幼儿园到小学，再到中学，从熟悉的环境到不熟悉的环境，随之而来的是生活习惯、人际环境、学习模式的彻底改变，因此带给未成年人的挑战和压力是极大的。

因此，我们才会感到担忧并抗拒这种改变，即使是有益于自己的改变，也不愿意去尝试，觉得改变的风险太大，不如坚守自己的舒适区。

在这个充满变化和不确定性的时代，只有适应能力强、敢于挑战未知的人，才能更具竞争优势。

世界的变化越来越快，未知的领域也会越来越多，我们终归要走出校园，迈入社会。与其一直停留在舒适区中，重复着熟悉、可控的事情，不如改变自己的心态，去拥抱不确定性，更好地适应这个时代。

我们不妨尝试一下敏捷管理法，来改变自己的行为习惯，走出舒适区——

第一步：规划方向。明确自己将要探索的未知区域和努力方向，初步确定目标和阶段。

第二步：不断试错。按照既定方向采取行动，将任务细化为最小可行性产品（MVP），从实践中获得反馈数据，同第一步中的阶段性目标相对比。

第三步：复盘反思。根据第二步中的实践效果，去优化、修正、完善目标。

敏捷管理法，能以最小的成本和代价进行不确定性的尝试，小步快跑，快速试错，快速纠正，直到一步步地将不确定性和未知区域（学习区和恐慌区），变为确定性和舒适区，不断强化自己的信心和探索精神，为自己开拓一片新世界。

　　当我们面对舒适区外的未知和挑战时，与其裹足不前，不如大胆去尝试、试错，我们会发现，一切都没有想象的那么糟。

【作者有话说】

　　人的行为具有很强的可塑性和适应性。当我们积极改变行为习惯和思维习惯时，我们每次走出舒适区，哪怕只是一小步，都会被大脑记录成功的证据，削弱与恐惧相关的神经通路，得到锻炼的有用的神经元会变得更强，建立更多的连接，进一步增强我们的心理免疫力和适应能力，进而进入良性循环。

培养逆商：打造反脆弱系统

在我们成长的过程中，难免会遭遇不顺心的事、挫折、失败，比如，被老师批评、被家长打骂、比赛失败、考试没考好、和同学闹矛盾等。

面对这些问题和挑战，不同的人会有不同的表现。那些抗挫力强、心理强大的同学，会一笑置之，根本不当回事，甚至很快就会忘记；而那些抗挫力弱、心理素质差的人，可能会因为一件不顺心的小事而耿耿于怀，深陷负面情绪的旋涡中难以自拔，甚至出现心理问题。

挫折困难和失败是难免的，如果我们表现得过于脆弱，遇到点小风小浪就胆怯、情绪崩溃，我们就很难去迎接更大的挑战。

要想更好地适应这个时代，我们就要有意识地培养自己的逆商，增加自己的心理韧性，打造自己的反脆弱系统，告别玻璃心。

【情景故事】

公元 1082 年，因"乌台诗案"被贬到黄州的苏轼与朋友一同春游，途中遭遇了暴风雨，附近没有可避雨之处，众人狼狈不堪。

唯有苏轼安之若素，淡然处之，潇洒地漫步雨中，并据此经历写下了千古名篇《定风波·莫听穿林打叶声》。

定风波·莫听穿林打叶声

三月七日，沙湖道中遇雨。
雨具先去，同行皆狼狈，余独不觉。
已而遂晴，故作此词。
莫听穿林打叶声，何妨吟啸且徐行。
竹杖芒鞋轻胜马，谁怕？一蓑烟雨任平生。
料峭春风吹酒醒，微冷，山头斜照却相迎。
回首向来萧瑟处，归去，也无风雨也无晴。

一点风雨，不足为惧，我身穿蓑衣，任凭风吹雨打，一样潇洒自如。这份气量、胸襟和面对逆境时的洒脱，是不是让动不动就玻璃心、动不动就情绪崩溃的我们汗颜。

【行动指南】

人的逆商不是天生就有的，大多数来自后天的刻意训练。

1. 培养逆商

逆商，又称逆境商数，是指人们面对逆境时的反应，即面对挫折、摆脱困境和克服困难的能力。

"逆商"这一概念最早由美国职业培训大师保罗·斯托茨提出。在保罗·斯托茨看来，人的大部分时间可能是在逆境中度过的。所谓"逆境"，不一定是指失业、患病、破产、家庭破裂等重大挫折，也可能是指生活中无处不在的小事。

我们都想提升自己的智商和情商，却忽略了逆商。逆商能让我们在各种情境下学会应对挑战，保持情感平衡，积极解决问题，建立良好的人际关系。

逆商的培养可通过以下几种方法进行：

第一，掌握解决问题的方法。学会正确认识问题、设定目标、制订计划、权衡利弊、做出决策以及自我监督。

第二，学会面对失败。失败有时是不可避免的，我们应该从失败中学到教训和经验，坚持不懈，找到改善的办法，直到成功。

第三，提升忍耐力。在应对挑战的过程中，会出现各种问题，要想坚持下去，就要学会克制，学会忍耐，把挫折当成挑战，只有不服输、不断尝试，才有赢的可能。

第四，适当吃点苦。现在的孩子大多生活条件优越，很少吃苦，导致抗挫力较差，通过适当的吃苦和挫折教育，去直面真实的生活，培养他们应对各种挑战的能力。

第五，告别玻璃心。玻璃心，顾名思义，像玻璃一样易碎，敏感、脆弱，经不起批评和挫折。在人际交往中，常常表现为情绪波动大，容易受伤，难以应对生活中的各种挑战。告别玻璃心，意味着要勇敢面对生活中的困难和挑战，敢于接受别人的批评和建议。同时，要提升自我认知，接受不完美的自己，增强自己的意志力。

第五，定期检查和反思。定期回顾所面临的挑战和应对策略，从中找到可以改进的地方。

第六，学会感恩。认识并感恩生活中的积极方面，当面临困难时保持乐观的心态。

2. 打造反脆弱系统

反脆弱，就是要增强自己的心理韧性。当遇到困难、逆境、挑战时，能够调整身心、积极应对的一种心理素质，也称为抗逆力、抗挫力、复原力、回弹力等。

要想摆脱脆弱，我们就不能一直让自己待在舒适区里享受安逸的生活，要试着去刻意锻炼自己的反脆弱性。

第一，锻炼身体。通过锻炼获得健康的体魄，更好地控制自己的身体，达到动态的稳定、协调和平衡，为走出舒适区提供体能保障。

第二，锻炼心理。敢于接受一切未知的挑战，在探索和压力中，让自己变得更强大。

第三，锻炼思维。我们要对舒适区外的未知区域充满好奇心，学会摆脱路径依赖，摆脱惯性思维的束缚，打破常规，突破思维定式，培养多元化思维模式。

第四，锻炼精神。我们要让自己具备大无畏的精神，胆量能够带来信念，帮助我们冲破身体和思维上的牢笼，进入更广阔的天地。

【作者有话说】

海明威说过："每一个人在世界上都要受挫折，有许多人反而在折断的地方长得最结实。"挫折是我们成长的必经之路，也是培养逆商、打造反脆弱系统的最佳机会。

拥有了自己的反脆弱系统，无论外部环境多么随机、波动、混乱，我们都不容易受到伤害，反而能在这种不稳定的环境中茁壮成长。

一边断舍离，一边接纳新事物

山下英子的《断舍离》一书中有这样一句话："断舍离，从深层来看，是一种活在当下的人生整理观。"

断舍离，一方面要整理、丢弃过时的物品和思维，另一方面也需要补充新事物、新思维。在除旧布新的过程中，将自己变成一只空杯子，把有用的东西装到杯子中去，用空杯心态去面对成长，持续自我更新、自我精进。

所谓"空杯心态"，其实就是不断清空自己，去接纳新的一切。

人的思维惯性使人喜欢待在舒适区，对陌生的事物和环境有抵触心理。时间久了，人就会被束缚在"信息茧房"里，即接收的只是某一方面的信息，对其他信息充耳不闻，难以突破思维和认知上的盲区，就好比被困在茧房里的蚕一样，无法破茧而出。

前思科全球副总裁、中国区总裁林正刚曾说："小孩一出生就有'空杯心态'，因为这是求生的本能。这个世界的一切都是新的，小孩要尽快学会足够的生存本领，才能正常长大。小孩的空杯心态体现在他对种种事物都有好奇心，看到什么都会问'为什么是这样的'。有耐心和智慧的父母会很好地回答小孩的问题，甚至会不断引导他保持这种好奇心。随着小孩一天天长大，好奇心慢慢就给藏起来了，换来的是'不自信'。"

有一句禅语说得好："人生如茶，空杯以对。"因此，我们不要隐藏自己的好奇心，不要丢掉空杯心态。

成长历程是一个不断清空又不断重装的过程，学会放空自己的"杯子"，以谦虚的态度接纳新的知识、思想和体验。

【情景故事】

巴西球员贝利是足球运动史上的最佳球员之一，拥有"球王"的称号。在20多年的职业生涯中，贝利先后参加过1363场比赛，共踢进1283个球（正式比赛进球757个），该数字被载入吉尼斯世界纪录。

有人曾问贝利："你最满意的进球是哪一个？"

贝利回答："下一个！"

当贝利射进第 1000 个进球时，有记者又问同样的问题，"你认为自己进的哪一个球最好？"

贝利给出的是同样的回答："下一个！"

空杯心态，是一种顶级的认知和格局，谦虚的球王以空杯心态对待自己的职业生涯，不为自己的成就设限，因此，新的奇迹和纪录就会被随时创造出来。

【行动指南】

如果杯子有浑水，无论加多少清水，它仍然浑浊；但如果是一个空杯子，不论倒入多少清水，它始终清澈。

空杯心态是一种开放、谦逊和渴望学习的成长型心态，养成空杯心态，能让我们不惧任何舒适区外的挑战。

1. 认识到自己的局限性

曾子曰："吾日三省吾身"。生活中还流传着一句充满智慧的哲言："认识你自己。"认识自己很重要，但认识自己也很困难，要意识到自己的局限性，则难上加难。要想养成空杯心态，首先要认识到自己的不足和局限性，进行自我否定，清除"杯子"中浑浊的东西，为注入新事物留出空间。

先有自我否定，接受自己的无知，方有超越自我。前思科副总裁林正刚曾说道："空杯心态是怎么来的？我自己的经验就是先克服自己的不自信，接受自己的无知，然后才能将'天窗'打开，发现自己原来还是有不错的学习能力的，自信就会慢慢增加。我觉得越是学习，就越能知道自己的'无知'，这个反而会带来学习动力，使自己对身边的事物充满好奇，每天都在学习、进步，这是一种很快乐的感觉。"

空杯心态就是这样一个自我扬弃的过程。

2．不断提升学习境界

清代著名学者王国维引用三句古诗来形容大学问家的三重境界。

第一重境界是"昨夜西风凋碧树，独上高楼，望尽天涯路"，为求学与立志之境，为"知"之境界。

第二重境界是"衣带渐宽终不悔，为伊消得人憔悴"，为"行"之境界。

第三重境界是"众里寻他千百度，蓦然回首，那人却在灯火阑珊处"，为"得"之境界，功到自然成。

每一个境界的提升，都是一次蜕变，是对自己的扬弃过程。保持着空杯心态，意味着我们愿意接收新的知识。若我们能以空杯心态去聆听、去观察、去思考，就如同一扇窗户被打开，有新鲜的空气流入，我们的视野就会变得更为广阔，思维模式也会因此改变。

3．不断挑战自我

空杯心态是走出舒适区、挑战自我的基础，也是拓宽视野、打破思维定式的法宝。若我们故步自封、行动迟缓，只会导致视野狭窄，思维僵化。

有一位老人，70岁开始学习登山，并登上了几座世界名山，还以95岁高龄登上了日本富士山，打破了攀登此山者年龄最高的纪录。这位老人就是胡达·克鲁斯。

作为青少年，我们生命的意义更在于挑战。在挑战者眼中，下一座山峰，才是最有魅力的。攀登的过程最令人沉醉，它是对学习区和恐慌区的探索，充满了新奇和挑战，能充分激发自己的潜能。

【作者有话说】

时刻"空杯"，勇于放下，每一次的自我清空和重新装入，都会使你的思想和知识变得越来越丰富，使你的视野、格局和心态发生积极的变化，进而不断提升你的认知和境界。

负面情绪

第九章

正视离别：
成长过程中无法回避的
一堂必修课

你存在分离焦虑吗？

从心理学的角度来看，人或多或少都存在一定程度的分离焦虑。

分离焦虑，是指我们与某个人产生亲密关系后，当与之分离时产生的伤心、痛苦、不安或不愉快的情绪反应，以表示抗拒分离。

分离焦虑是儿童最常见的情绪障碍之一，可存在于儿童期各个阶段，最常出现于婴幼儿期及学龄前期。这个时期的孩子，安全感还没有完全建立，当亲近的人离开，会表现出紧张、害怕的情绪，常见的对抗方式有哭闹、发脾气。

心理学研究发现，3 岁左右的孩子通常每隔 15 分钟就会寻找一下父母等亲近的人，如果找不到，就会哭闹。

无论是短暂的分离，还是较长时间的离别，都可能会引起孩子的分离焦虑，这种焦虑来源于孩子对亲密关系的需求。

对于分离焦虑，年龄越小的孩子，越难以独自去克服，因此越需要家长和亲人的帮助。

【情景故事】

看过一则新闻报道，由于家庭经济条件不好，一位妈妈要和丈夫一同外出打工，一出去就是半年，家中的女儿刚刚 3 岁。

妈妈知道女儿不舍得自己离开，一定会在自己离开时哭闹不止。为了避免这种场景，她和丈夫离开时，故意没有当面跟女儿道别，而是趁孩子外出

时偷偷离开。

孩子在外面玩累了，当她满怀期待回家找妈妈时，却被告知妈妈和爸爸已经离开了。

孩子的情绪瞬间失控，发疯般地往外跑，哭喊着要去找妈妈，后来被奶奶强行拉了回去。回到家中，她仍然哭闹着满地打滚，哭喊着要找妈妈。

在孩子的安全感尚未建立之际，最怕与妈妈分离。遗憾的是，很多家长却像故事中的妈妈一样，为了不让孩子伤心，选择悄悄离开，但其实这是对孩子伤害最大的一种分离方式，会加重孩子的不良情绪。

如果你已经意识到自己存在分离焦虑，并且你的父母也存在上述问题的话，你要大胆地告诉他们，让父母以更科学的方式帮自己化解分离焦虑。

【行动指南】

美国精神病学会在《诊断与统计手册：精神障碍第》中制定了衡量分离焦虑的 8 项标准：

（1）离开家或亲近的人时过分痛苦。

（2）持久和过分地忧虑失去亲近的人，或灾祸可能降临于亲近的人。

（3）持久和过分地忧虑不祥的事会导致与亲近的人分离。

（4）由于害怕分离，持久地拒绝上学或去其他地方。

（5）没有亲近的人陪伴，或在其他情境中没有成人做伴，经常过分害怕，或不愿独自一人。

（6）没有亲近人的陪伴，常拒绝上床睡觉，或不愿离家。

（7）因害怕分离而出现反复的梦魇。

（8）当与亲近的人分离时，反复出现躯体症状如头痛、胃痛、恶心呕吐等。

我们可以自行或者在家长帮助下对照以上标准，来判断自己的情况。通常，满足上述标准中的 3 项以上，且持续 4 周以上，都可能存在分离焦虑。

对于分离焦虑，化解的方法主要有两种。

1. 学会自我调节

此方法主要针对年龄大一点且已经有一定自主意识和思维能力的孩子。自我调节的关键是要学会释放分离情绪，无论是积极情绪还是消极情绪，都需要一个宣泄的通道。从小学会自我情绪的调适，对我们以后的成长，特别是提升我们的幸福指数起着至关重要的作用。

一些极有效的宣泄方式，如运动、听歌、绘画、读书、写日记、聊天等都是不错的方法。年龄再大一些的小伙伴，可以通过深呼吸、冥想等方式进行自我调节。

2. 家长积极配合

作为小孩子，我们害怕分离，更害怕因父母的突然离开而带来的未知恐惧。当和父母分离时，我们可以向父母这样提问，让他们做出回答。

第一，去哪里？

第二，做什么？

第三，什么时间回来？

这样会让我们对分离产生一定的掌控感，从而大大淡化对分离的恐惧心理。

【 作者有话说 】

对于分离焦虑问题，作为孩子，我们要积极应对，学会自我调节，勇敢面对分离，避免情绪上的过激反应，同时也要让家长正确对待分离的问题，做到"不回避、不逃避、不逃离"。

直面失去与离别：做有情有义、内心强大的人

除了婴幼儿时期的短暂分离焦虑，在成长的过程中，我们还会面临各种各样的分离——

· 进入幼儿园，离开父母。

· 一直照看自己的奶奶回了老家。

· 同一个小区里最好的玩伴搬走了。

· 即将进入小学，你会离开幼儿园的老师和小朋友。

· 即将进入初中，你会告别小学的老师和同学。

· 即将进入高中，你会告别初中的老师和同学。

· 即将进入大学，你会奔赴异地求学，跟高中的一切说再见。

·即将大学毕业，你会告别良师挚友，分赴天涯，各奔前程。

·待你结婚生子后，他们又会重复你的轮回。

…………

人生好比一趟列车，中途不断有人上车，也不断有人下车，很少有人能陪你走完全程，陪你走到最后。

离别和失去是人生的主旋律。面对离别，不同的人的表现也大相径庭。有的能够坦然接受，很快就会遗忘离别的伤痛；有的则会长时间被无力感和痛苦包围，闷闷不乐，做什么事都提不起精神。

如何直面离别与失去，是我们每一个人都无法回避的问题。

【情景故事】

这是一条高赞的短视频：

妈妈去学校接即将中考的女儿，女儿收拾东西，妈妈在一旁小心翼翼地等待着，心想孩子告别了三年的初中生活，跟老师和同学这一别可能就是永久的了。

好在女儿看上去并没有太大的情绪波动，出了校门，妈妈开车带女儿离开。

车刚开出不远，妈妈无意中从后视镜里看到，坐在后排的女儿已经泪流满面，急忙靠边停车。

"我再也见不到老师和同学了，我走得太匆忙，都没来得及跟班主任拥抱一下，她像妈妈一样陪伴了我们三年！"女儿伤心地说道。

妈妈非常理解女儿的心情，当即提议："趁我们还没走远，现在去告别还来得及！"

二人下了车，妈妈在旁边花店买了一束鲜花，带女儿重返校园，找到班主任说明来意，女儿深情地上去拥抱了班主任。

这真是一位不扫兴的妈妈，她用行动弥补了女儿的遗憾，让孩子在分离过程中不再那么伤心。

【行动指南】

离别总是伤感的，成年人之间的离别尚有很多不舍，何况是思想不成熟的未成年人，可能会有更大的情绪波动。

但每一次的离别与失去，都是我们走向新生活的开始，我们一路同行，一路目送，一路不舍，但也不得不和逝去的那些时光、那些人告别。学会告别，才能学会成长。

1. 学会告别

一下子告别朝夕相处的老师、同学、小伙伴，我们肯定有万般不舍，但是我们要知道，人的一生要经过很多次分离，真正的感情不会因为时空上的分离而变淡。

即使分别了，我们以后也可以去找那些要好的同学、伙伴，也可以回到母校去看望自己的恩师。

2. 充满仪式感

山下英子在《断舍离》一书中提到，哪怕是对普通物品的断舍离，她也给足了它们仪式感。比如，对于不要的旧衣服，不管是送人、卖掉还是捐赠，都要先洗干净，甚至修补好，再整整齐齐地叠好，并在心里对它表示一下感谢。哪怕是丢弃，也要挑一个不下雨的日子，将它们放在垃圾箱旁的干净地方，并贴上"旧衣物免费自取"的字条，充满仪式感地对待自己要断舍离的物品。

与人的分离也是如此，也要充满仪式感，比如送给老师或同学一束鲜花、一个小礼物，互相留言，拍一下毕业纪念照等，都有助于增加分离的意义感，让离别的这一天变得与平常日子不太一样，冲淡我们的忧伤。

3. 允许自己有负面情绪

在电影《狗十三》中，李玩失去了最心爱的小狗"爱因斯坦"，非常伤心。家人为了让她从悲伤中尽快走出来，买了一条小狗给他，说这就是"爱因斯坦"，逼着她去接受这个"新朋友"。

李玩崩溃道："我只是想知道'爱因斯坦'去哪了，我只是想要一点悲伤的权利，为什么这都不行？"

面对分离，我们要允许自己有负面情绪，留出时间和空间去跟过去告别，适应新的环境和生活。体验负面情绪，本就是我们成长中不可或缺的一部分，否则我们的生命体验将不完整。

4. 分离意味着新的开始

一饮一啄，皆有定数。我们一边在失去，一边也在得到。分离的另一端，是新的开始。升入新的年级，我们告别了过去，又会迎来新的老师和同学，他们会填充我们新的生活，给我们带来新的体验，让我们摆脱过去的束缚和困扰。

【作者有话说】

余秋雨说："每一次的离别都是为了遇见更好的自己。"我们经历的每一次分离，都会丰富我们的人生经验，让我们的心智更加成熟。在离别与失去中，我们不仅要做内心强大的人，不被分离情绪所羁绊，也要做有情有义的人，珍惜曾经拥有的一切。

通过生死离别，让自己学会断舍离

死亡，是一个沉重的话题，但每个人都无法逃避死亡。

大多未成年人并未接受过正式的死亡教育，但在现实中又不可避免地会面对死亡，这种错位，导致很多未成年人在童年时期，对死亡有太多恐惧和担忧。对死亡的逃避，让他们在一定程度上失去了对生命真正意义的探寻。

生活中，既有短暂的分离，也有生死的诀别。

对于短暂的分离，只要我们能够克服时空的障碍，终有相见的机会。

那么，对于生死的诀别，我们又当如何去面对，如何去承受呢？

【情景故事】

高考一结束，一个女孩就迫不及待地往家中赶，她想第一时间见到已经病重的母亲。

考试中，女孩发挥得不错，应该能取得一个不错的成绩，她想尽快回到家告诉母亲这个好消息，以减轻病痛对她的折磨。

当女孩满怀期待地回到家中时，却没有发现自己的母亲。

原来，在女孩高考期间，她的母亲因病危被送到医院抢救，医生经过一番努力，最后还是没抢救过来。

女孩的母亲在弥留之际，反复交代家人，千万不要把自己的情况告诉孩子，免得影响她高考发挥，让十几年的努力功亏一篑。

家人无奈同意了她的要求，决定瞒着女孩，让她安心参加高考。女孩的母亲，听到家人的承诺后永远地闭上了眼睛。

女孩回到家中得知噩耗后，瞬间情绪崩溃，身体颤抖，无法站立，只得蹲在地上失声痛哭，不停地喊着妈妈，不停地念叨着"我想再见妈妈一面""为什么不告诉我""我以后再也没有妈妈了……"

看到这一幕，在场的人无不为之动容，但又不知道该如何去安慰她。

善意的隐瞒，如同一道屏障，暂时隔离了孩子的悲伤，但当她得知真相时，也留下了永远的遗憾。

【行动指南】

亲人离去的打击是巨大的，带给人们的伤痛和负面情绪如黑云压顶一般袭来，如何对这种伤痛和负面情绪进行断舍离，是我们不得不去面对和学习的一堂课。

1. 接受现实

当亲人离世时，我们应该怎么做？首先，要接受现实。有出生就会有死亡，有生长就会有衰退。同时，去思考：人为什么会死？我们为什么会有这样一副躯体？我们是否已经实现了自己的人生目标？

深思并回答这些问题，或许能帮助我们尽快从亲人的生死离别中走出来，重新面对生活。

2. 找到情绪的宣泄口

对于丧亲之痛，心理学上有一个"空椅子技术"：在一个独立空间摆放两把椅子，被干预者坐在其中一把椅子上，对空椅子（情景中的另一方，比如逝去的亲人）进行充分的情绪表达和宣泄，然后交换位置，并进行角色互换，被干预者来扮演另一方，对刚才一方的宣泄进行回应。

针对上述情景故事，那位失去母亲的女孩就可以尝试采取这种方式：

首先，女孩坐在一把椅子上，假设在母亲临终前赶回了家，而母亲就坐在对面的椅子上，女孩一定有很多话要对她说，现在全部讲出来。

等女孩把自己想对母亲说的话都倾诉完，就坐到另一把椅子上，开始扮演母亲的角色，对自己刚才的倾诉进行回应。

经过这种心理干预，被干预者的情绪通常会得到很好的释放，能够尽快从悲伤中走出来，重拾生活的信心。

3. 学会与哀伤同行

失去亲人的痛苦和哀伤，不会突然消失，会存在很长一段时间，因此我们要学会与之同行。

美国精神病专家、生死学大师伊丽莎白·库伯勒·罗斯是临终关怀领域的知名学者，她在 20 世纪 70 年代提出了哀伤的五个心理阶段。

（1）否认

当亲友突然去世时，受到强烈冲击的我们会本能地去否认，难以接受现实，并会反复确认。

（2）愤怒

我们会将亲人去世的原因归咎到某个人身上（如家人、医护人员等），以表达自己的愤怒情绪，甚至迁怒于自己，出现一些过激行为。

（3）讨价还价

亲人去世，我们会针对过去的事情幻想出很多场景，比如"如果我当时……可能就不会……"会将愤怒转化为内疚与反思，这种转化仍是情绪化和非理性的。

（4）沮丧

感到无力、无奈、无助，看不到希望，觉得自己生命中最重要的一部分失去了，陷入沮丧、抑郁情绪中。

（5）接受

随着时间的流逝，一些情绪会被冲淡，我们学会了接受现实，带着某些回忆，继续生活。

面对生死离别，每个人都会经历以上过程中的某些阶段或全部。无论处于哪个阶段，都是正常的现象，我们要学会调节自己的情绪。

【作者有话说】

西班牙著名哲学家费尔南多·萨瓦特尔说："认识死亡，才能更好地认识生命。"人生在世，没有人能陪你走完全程。我们正视死亡这个话题，是为了让自己对生命有所敬畏，我们谈论"死"，是为了让自己重视"生"。